2ND EDITION
第二版

# THE WORLD ATLAS OF COFFEE
# 世界咖啡地图

［英］詹姆斯·霍夫曼（JAMES HOFFMANN）著

王　琪　谢博戎　黄俊豪　译

中信出版集团｜北京

图书在版编目（CIP）数据

世界咖啡地图 /（英）詹姆斯·霍夫曼著；王琪，
谢博戎，黄俊豪译. -- 2版. -- 北京：中信出版社，
2020.6（2024.11 重印）
书名原文：The World Atlas of Coffee
ISBN 978-7-5217-0581-2

Ⅰ. ①世… Ⅱ. ①詹… ②王… ③谢… ④黄… Ⅲ.
①咖啡—介绍—世界 Ⅳ. ①TS273

中国版本图书馆CIP数据核字(2019)第091557号

First published in Great Britain in 2014 by Mitchell Beazley, an imprint
of Octopus Publishing Group Ltd, Carmelite House, 50 Victoria
Embankment, London EC4Y 0DZ Revised edition 2018
Text Copyright © James Hoffmann 2014, 2018 Copyright © Octopus
Publishing Group Ltd 2014, 2018
Simplified Chinese edition © 2020 by CITIC Press Corporation
Published by arrangement through Shuyi Publishing.
ALL RIGHTS RESERVED.
The author has asserted  his moral rights.

本书仅限中国大陆地区发行销售

**世界咖啡地图**

著　者：[英]詹姆斯·霍夫曼
译　者：王琪　谢博戎　黄俊豪
出版发行：中信出版集团股份有限公司
　　　　　（北京市朝阳区东三环北路 27 号嘉铭中心　　邮编　100020）
承 印 者：北京华联印刷有限公司

开　本：787mm×1092mm　1/16　　印　张：17　　字　数：400千字
版　次：2020年6月第2版　　　　印　次：2024年11月第16次印刷
京权图字：01-2016-1280
审 图 号：GS（2019）6358号
书　　号：ISBN 978-7-5217-0581-2
定　　价：198.00元

2ND EDITION
第二版

# THE WORLD ATLAS OF COFFEE
# 世界咖啡地图

从一颗生豆到一杯咖啡，深入产地，探索知识，感受风味

# 目　录
## CONTENTS

# 导　读
## INTRODUCTION

"咖啡产业从没有像现在这样蓬勃发展。生产者比以往更清楚如何种好咖啡，也有更多渠道可以取得各式各样的品种，认识许多农技专业人士。咖啡大师们也从未像在今日这样体会到使用新鲜采收的咖啡豆是多么重要，他们对咖啡烘焙的认知在不断进步。现在有越来越多的咖啡馆售卖真正优质的咖啡，使用业内最佳的设备与器材，以更有效率的方式训练店内的员工。"我在本书第一版的导读中写下了上面这段话，整个咖啡行业至今仍在如此蓬勃发展。

饮用高品质咖啡已经成为主流。世界各地的大型城市都经营着无数家咖啡馆或与咖啡相关的生意，有一群对咖啡无比热情的经营者，希望与消费者分享咖啡带来的喜悦。

庞大的咖啡产业如今已遍布全球，时至今日，有超过1.25亿人从事与咖啡相关的工作，在世界每个角落都能嗅到咖啡的香气。对那些过去人们不太饮用咖啡的国家来说，如今咖啡已经与它们的经济、历史、文化建立了紧密的联系，人们也开始尝试饮用咖啡，并追根溯源。虽然大多数咖啡饮用者尚未认真了解有关咖啡的专业知识，但他们已开始想要寻求那些经过细心栽培、产地可以追溯，且被精心制作的咖啡了！

咖啡产业可以被划分为两个不同的类别：商业咖啡（commodity coffee）和精品咖啡（speciality coffee）。本书主要聚焦于对精品咖啡的讨论，口感和品质是定义精品咖啡的标准，咖啡的产地很重要，因为产地在很大程度上决定了咖啡的风味。商业咖啡则是指不以品质来论价格、仅仅被称为"咖啡"的商品。对商业咖啡来说，咖啡的种植地点、采收方式及处理方式并不重要。"一种来自热带的普通商品，能让我快速获得咖啡因并保持清醒的饮品"，这是这世上大多数咖啡饮用者对咖啡的认知，也可以说是对商业咖啡的定义。

在全球的咖啡文化中，将饮用咖啡视为乐趣、用心享受咖啡复杂风味的人尚属少数。而从生产制作及国际贸易层面来看，精品咖啡与商业咖啡仍存在许多差异，并成为两个截然不同的类别。

在咖啡的新世界蓬勃发展的过程中，还是有一些非常困难的地方，例如对大部分人来说，咖啡的语言是完全陌生的。许多咖啡馆渴望分享他们制作咖啡的故事——咖啡豆的种类、加工方式，以及制作咖啡的手艺人，然而这些信息对消费者来说可能不那么容易理解。本书的写作目的是希望使咖啡的语言更加通俗易懂，可以让你在饮用咖啡的同时更好地了解咖啡背后的故事，了解不同的产地及不同生产者之间的差异。

或许一开始，咖啡的多样性及海量信息会让你望而生畏。然而，一旦你开始了解咖啡，哪怕只是了解一点点，你就会被这些信息深深吸引。我希望这本书能对你有所帮助，并让你在饮用每一杯咖啡时都体验到咖啡带来的乐趣！

19世纪，印度的咖啡屋相当受欢迎，常常是英国绅士们社交、谈公事以及讨论时事与八卦的聚会场所。

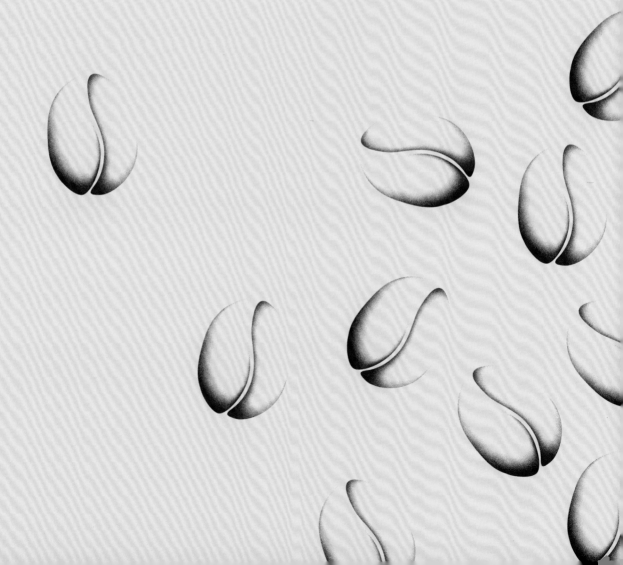

第一章

# 认识咖啡
## Introduction to Coffee

# 阿拉比卡与罗布斯塔
## Arabica and Robusta

人们提到咖啡时,通常是指从一个特定树种(Species)——咖啡树结出的果实,我们现在通称这种咖啡树为阿拉比卡(Coffea arabica)。阿拉比卡的果实是全球咖啡豆中的主力,在南、北回归线之间的数十个咖啡生产国里种植。然而,它并非唯一的咖啡树种,目前已被识别的咖啡树种超过120个,但仅有一种达到了近似阿拉比卡的普及程度:卡内佛拉咖啡树属(Coffea canephora,俗称中粒咖啡),我们常称之为罗布斯塔(Robusta)。

罗布斯塔一词,说穿了其实是一种宣扬咖啡树种特性的品牌名词,19世纪末最先出现于当时的比属刚果(今刚果民主共和国)。它的商业潜力显而易见,相较于现在的阿拉比卡,罗布斯塔可以在较低海拔种植并结果,且能适应高温环境,拥有较好的抗病能力。这些特性就是罗布斯塔迄今仍继续生产的主要原因,也因为罗布斯塔对生长环境的要求较不严苛,生产罗布斯塔咖啡豆的成本相对要低很多。不过罗布斯塔也有难以避免的缺点:咖啡不是很美味。

在咖啡树种的议题上存在一些争议,有些人认为经过完善处理的罗布斯塔咖啡比一些品质低下的阿拉比卡咖啡好喝。这也许是事实,但仍无法全然说服我们罗布斯塔咖啡是好喝的。虽然一般而言,将特定风味归因于咖啡树种比较困难,但罗布斯塔咖啡的风味里的确有一种木质类、烧橡胶似的质感,通常酸度很低,却有较高的醇厚度与口感(详见第67页)。当然,罗布斯塔也有等级之分,要制作出高质量的罗布斯塔咖啡也是可能的。多年以来,罗布斯塔咖啡一直是意式浓缩咖啡文化里的重要成分,但近年来,全世界生产的大多数罗布斯塔咖啡最终都走进了大型的商业生产工厂,被制作成这个产业里最受鄙视的产品:速溶咖啡。

对速溶咖啡产业而言,成本远比风味重要。而将咖啡当作一种快餐产品的需求,意味着罗布斯塔咖啡的全球市场占有率达到了将近40%,这个百分比会随价格与市场需求而浮动。举例来说,全球咖啡价格上涨时,会有更多人生产罗布斯塔,因为大型跨国咖啡公司需要寻找更便宜且不是阿拉比卡的替代品。有趣的是,过去每当烘焙商使用罗布斯塔取代大型商业化品牌综合豆里的阿拉比卡时,咖啡的消费量就会开始减少,这很可能是因为风味,也有可能是因为罗布斯塔的咖啡因比阿拉比卡高出两倍。不论是哪个原因,当大品牌偷工减料时,消费者最终总会发现,或至少改变他们饮用咖啡的习惯。

### 咖啡的基因

一直以来咖啡产业都将罗布斯塔视为阿拉比卡丑陋的姐妹,直到一个很有趣的基因学发现揭开了谜底:一次科学家进行基因序列比对时,发现这两个树种压根不是兄弟姐妹或表亲,罗布斯塔其实是阿拉比卡的双亲之一。阿拉比卡最有可能的起源地是苏丹南部,罗布斯塔在那里与另一种咖啡树种尤珍诺底斯(Coffea

对页图:取自一本19世纪的药用植物图书,这幅詹姆斯·索尔比(James Sowerby)手绘的铜版印刷图描绘了阿拉比卡咖啡的白色花朵、果实以及树叶形态。

*Coffea arabica*

Published by Phillips & Fardon, Feb.y.r.t 1807.

euginoides）交叉授粉，从而产生了全新的阿拉比卡，这个新树种自此开枝散叶，之后在埃塞俄比亚继续繁衍，而埃塞俄比亚也因此被长期认为是咖啡的起源地。

虽然许多咖啡树种的树形及果实长得与我们认知中的咖啡不太相似，但至今已被识别出的129个咖啡树种，绝大多数是由英国伦敦的皇家植物园（Kew Gardens）完成的。其中很多种类是马达加斯加岛的原生树种，另有一些原生于南亚的某些地区，最南的产地则在澳大利亚，这些树种尚未受到商业市场的关注，但科学家已开始对它们产生兴趣，原因是当前咖啡产业正面临的问题：目前栽种的咖啡树种缺乏基因多元性。

咖啡树分布在世界各地，代表这个全球化作物的血统都很相近，因此基因变化不大，这使全球咖啡生产暴露在极大的风险中，只要有一种疾病攻击了一株咖啡树，它就极有可能会攻击所有咖啡树，就像葡萄酒业在19世纪60~70年代遭遇的葡萄根瘤蚜病（Phylloxera），那是一种会摧毁整片葡萄园的蚜虫病，当时整个欧洲的葡萄园几乎无一幸免。

右图：129个咖啡树种中，绝大多数是马达加斯加岛的原生种，但如图中澳大利亚昆士兰州的这座咖啡园所展示的，咖啡如今已是全球化作物。

# 咖啡树
# The Coffee Tree

这一节我们只介绍最富趣味的咖啡树种——阿拉比卡。首先我们会观察到，所有阿拉比卡的树形看起来都很相像：细瘦的主干加上繁多而茂密的分枝，支撑着许多果实与树叶。但再仔细瞧瞧，我们就会发现它们仍有许多不同的树形特征，这主要是因为阿拉比卡有许多不同的品类，果实的产量、颜色不同，有些品类的果实结成一团团分明的样貌，也有许多品种的果实均匀分布在枝条上。

在不同品类的咖啡树上，叶片的特征也存在极大差异，但更重要的是，这些不同品类的种子在经过采收及冲煮之后，尝起来有明显的差别。不同品类有不同的风味特质，也有不同的口感特性（详见第67页）。我们必须谨记：咖啡生产者在选择栽种哪个品类时，风味优劣并非主要的考量因素；对将种植咖啡作为日常生计来源的生产者而言，品类是否高产或有较强的抗病性更为重要。这并不是说所有咖啡生产者的种植标准都是如此，但很重要的一点是，我们必须有心理准备，明白生产者的抉择与他们的获利和收入息息相关。

## 从种子到成树

许多颇具规模的咖啡园都有自己的育苗区，功能是充当尚未长大的种苗被移植到咖啡园区之前的庇护所。咖啡豆（种子）首先被种植在肥沃的土壤中，很快便会发芽，之后咖啡豆会被长出的新芽抬升起来，在这个阶段它们被称为"卫兵"，其样子看起来颇怪异，就像

烘焙后的熟豆粘在一根细细的绿色叶柄上，不久后，整个植株会飞快长大，直到6~12个月后，种苗才能从育苗区被移植到正式的咖啡园区。

种植咖啡不仅需要投入金钱，更需要投入时间。一个咖啡生产者从种下咖啡时算起，至少需要三年的等

## 咖啡树的病虫害

咖啡树容易被许多不同的害虫及疾病影响，其中最常见的两种是叶锈病（leaf rust）和咖啡果小蠹（coffee berry borer，简称CBB）。

### 叶锈病

在许多拉丁语系国家被称为roya，是一种真菌类咖啡驼孢锈菌（Hemileia vastatrix）造成的疾病，会在树叶上形成橘色损伤，使树叶减少光合作用而掉落，并最终可能让整株咖啡树死亡。叶锈病首见于1861年东非的文献中，但直到1869~1879年该疾病在斯里兰卡造成几近灭绝式的损害之前，尚未有人研究过其成因与防治方法。1970年，叶锈病传播到巴西境内，可能是通过从东非载运可可豆的商船至此，自此迅速散布到中美洲。现今叶锈病可以说遍布全世界所有咖啡生产国，全球气候变迁造成的暖化现象又使疫情更加恶化。2013年，许多中美洲咖啡生产国表示，由于叶锈病带来的严重损害，咖啡生产已进入紧急状态。

### 咖啡果小蠹

在拉丁语系国家被称为Broca，这种小甲虫（Hypothenemus Hampei）将卵产在咖啡果实里，刚孵化的小蠹会食用咖啡果实，因此不但咖啡的整体产量会减少，咖啡质量也会降低。原生于非洲的咖啡果小蠹现已遍布全球咖啡生产国，目前已研究出许多防治方法，包括化学杀虫剂、陷阱及微生物防治法等。

左上: 被称为"卫兵"的刚萌芽的咖啡，是咖啡树生长的第一阶段。
左中及左下: "卫兵"很快长大，长出绿色的叶子。历经6~12个月，咖啡树初步发育完整，就能从育苗区移植到正式的咖啡园区进行栽种了。

上图：漫长的雨季后，一年之内你可以闻到一两次咖啡花盛开的强烈香气。因为阿拉比卡是自体授粉的物种，所以咖啡花最后都会结出果实。

待，才能开始采收适量的咖啡果实。种植咖啡树是一件需要下定决心且严肃对待的事，这也意味着一旦某位生产者弃种，就很难鼓起勇气再种咖啡豆了。

## 开花与结果

大多数咖啡树一年一收，某些生产国一年中会有第二次收成，但通常产量较小，质量也差。整个生长

循环始于一段为时不短的降雨期，雨水会促使咖啡树开花，盛开的咖啡花气味十分浓郁，让人联想到茉莉花。

蜜蜂等昆虫会协助咖啡花授粉，但阿拉比卡的咖啡花可以自体授粉，所以除非因不良气候而被打落，否则咖啡花最终都会结出果实。

总共需要九个月后，咖啡果实才可以开始采收。不幸的是，咖啡浆果并非在同一时间成熟，生产者时常在挣扎：究竟该一次把成熟、未熟、过熟的果实同时采下，凑出较多产量，还是付出额外成本，请采果工人特别留心，只采摘成熟的完美果实？

图为哥伦比亚钦齐那（Chinchiná）的种苗场，咖啡苗在出售给农庄之前会于此处停留约五个月，再经过三年成长期，咖啡树会开始适量地结果。

# 咖啡果实
## The Coffee Fruit

咖啡是我们日常的生活必需品之一，然而在没有生产咖啡的国家里，又有几人能见到或认识咖啡的果实呢？

不同品种的咖啡果实，大小也会不同，但总的来说，咖啡果实的体积就像小号的葡萄。与葡萄不同的是，咖啡果实中心的种子占据了整颗果实的绝大部分，表皮及其底下的一层果肉（果胶）占比很低。

所有的咖啡浆果一开始都是绿色的，随着日渐成熟，果皮的颜色也日益转深，成熟果实的果皮颜色通常是深红色，不过也有些品种是黄色，有时黄果皮的咖啡树与红果皮的杂交后也会产生橘色果皮的品种。虽然人们认为果皮的颜色与产量无关，但生产者却往往避免种植黄果皮的咖啡品种，因为辨识果实的成熟度相对会比较困难。红色果皮的果实会从一开始的绿色变为黄色，再转为红色，因此人工采摘时更容易辨识成熟的果实。

果实的成熟度通常与其含糖量的多寡直接相关，

这正是种出美味咖啡的决定性因素。概括而论，果实含糖量越高，代表咖啡品质越好。但是，不同的生产者可能在果实成熟的不同阶段进行采收，有些生产者认为，混合不同成熟度的果实可以增加咖啡风味的层次，不过所有浆果都必须有一定的成熟度，不能有任何一颗过熟，以免产生令人不悦的风味。

### 咖啡种子

咖啡的种子也就是咖啡豆，结构有许多层，大部分都会在生豆精制处理阶段被去除，留下我们用来研磨及冲煮的咖啡豆。种子的外层有保护作用，称为内果皮（parchment），里面还有一层薄膜，称为银皮（silverskin）。

大部分咖啡浆果内有两颗对生种子，相连的一面会随着果实的生长呈平面。偶尔浆果中只有一颗种子，称为小圆豆（peaberry），它不像平豆那样有一面是平的，而是呈椭圆形，这种情况占总体产量的5%左右。小圆豆通常会被特意分离出来，因为有些人相信它有特别讨喜的特质，也有人认为小圆豆必须用不同于平豆的烘焙方式处理。

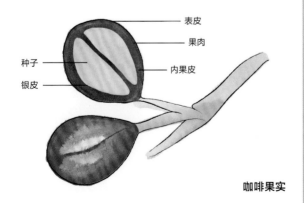

表皮
果肉
种子
银皮
内果皮

**咖啡果实**

上图：咖啡种子是将银皮及内果皮脱去后得到的产物，也就是我们拿来研磨及冲煮用的咖啡豆。

对页图：哥伦比亚的瓜亚巴尔（Guayabal）庄园一景。

# 咖啡品种
## Coffee Varieties

人工栽种的咖啡树起源于埃塞俄比亚，这一称为帝比卡（Typica）的品种直到今日仍被广泛种植；另外还有许多现存品种，像一些自然突变的品种及其他的杂交品种。有一些品种具有明确的风味特征，有些则因生长环境细微的风土条件（terroir）、栽种方式或生豆精制处理方式等因素产生不同的风味特征。

很少有消费者注意到阿拉比卡咖啡树种下仍然有许多不同的品类，这主要是因为全球的咖啡交易方式一直以生产国区分。一个批次的咖啡豆可能由数座不同咖啡园的果实构成，出口时没人能确切知道这批豆子的生产者混合了哪些品种，只知道这批豆子是在某个特定区域生产的。这种现象目前正逐步改变，但对于品种对风味的影响程度，我们仍然所知甚少。

请谨记，接下来介绍关于不同品类的内容时不会特别描述风味，除非有十分明确、独特的风味关联性。咖啡的风味受许多不同因素影响，而我们缺乏系统性的研究来佐证品种与风味之间的关系，为了不造成误导，不宜提出如此大胆的主张。

### Variety 与 Varietal 的用法差异

这两个词时常被搞混。variety 指的是在单一树种下、基因上具备独特变异特征的变种，此处我们指的是阿拉比卡下的分支，不同的变种在树形结构、树叶形态、果实形态等特征上会显现出许多相异之处，另一个可接受的同义词 cultivar，是 cultivated variety 简化后组成的词。

varietal 一词仅限于称呼某个单一品种，例如某个庄园生产的咖啡树种是 100% 波旁品种时，我们就称之为 Bourbon varietal。

### 帝比卡 （Typica）

这个品种被认为是所有咖啡变种或基因筛选的原型。荷兰是第一个将咖啡传播到世界各地并进行商业化种植的国家，帝比卡就是当时的咖啡品种。帝比卡的果实通常是红色的，杯中风味表现也很突出，不过果实产量比其他品种少。世界各咖啡生产国中仍有不少地区种植帝比卡，因此它在不同的地区有不同的名字，如克里奥罗（Criollo）、苏门答腊（Sumatra）及阿拉毕戈（Arabigo）。

### 波旁 （Bourbon）

这是在留尼旺岛（The Island of Réunion，当时称波旁）由帝比卡自然突变后得到的品种，果实产量比帝比卡略多。许多从事精品咖啡行业的专业人士认为波旁有一股独特的甜味，因此它常在比赛中得奖，风味令人愉悦。咖啡果实有几种颜色：红果皮、黄果皮，有时还可看到橘果皮。过去随处可见波旁的踪迹，但当时的消费市场尚未成熟到愿意付出较多金钱来奖励产量较低、质量却较高的咖啡，因此波旁在许多生产国中一度被其他产量更高的品种取代。

### 蒙多诺沃 （Mundo Novo）

帝比卡及波旁的自然杂交品种，20世纪40年代发现于巴西，以当地地名命名。蒙多诺沃因相对较高的果实产量、较强的体质及较佳的抗病性而被广泛栽植；此外它还能适应巴西通常达到 1 000~1 200 米的海拔高度。

## 卡杜拉 （Caturra）

1937年发现于巴西的波旁突变种。果实产量较高，但如果果实产量超过植物负荷的限度，就会把枝干压垮而枯萎。良好的农园管理方式可以避免出现这样的情形。卡杜拉品种在哥伦比亚及中美洲特别受欢迎，在巴西也颇为常见。杯中风味表现普遍被认为很优秀，但随海拔上升而质量提升，产量则随之递减。卡杜拉有红色及黄色果皮两种不同的形态，高度在各品种中属于较低矮的，有时会以"侏儒品种"或"半侏儒品种"称呼，而其受欢迎的主因是人工采收较为方便。

## 卡图艾 （Catuai）

20世纪50~60年代由巴西的农艺研究机构（Instituto Agronomico do Campinas）栽培的卡杜拉及蒙多诺沃的杂交品种。主要为了结合卡杜拉的"侏儒"基因与蒙多诺沃的高产量和抗病性。卡图艾与卡杜拉一样，都有红色及黄色果皮的品种。

## 马拉戈日皮 （Maragogype）

马拉戈日皮是帝比卡变种中较容易辨认的品种之一，最先发现于巴西。马拉戈日皮十分有名，外形也十分讨喜，主要因为其豆体巨大得不寻常，树叶也较一般品种宽大，不过果实产量相对较少。因为巨大的豆体而有"象豆"（Elephant Bean）的别名。通常是红色果皮。

下图：波旁

上图：卡图艾

上图：瑰夏

## SL-28

20世纪30年代，在位于肯尼亚的斯科特实验室（Scott Laboratories）中由坦桑尼亚的一种耐旱品种选育出来。果实成熟时呈红色，种子较一般品种略大。人们认为它可以制作出具有明显水果风味的咖啡，通常以黑醋栗的味道来形容。SL-28十分容易感染叶锈病，较适于在高海拔地区种植。

## SL-34

此品种由法国传教士波旁（French Mission Bourbon）选育，自波旁岛（留尼旺岛）被带进非洲，一开始出现在坦桑尼亚，稍后才被引进肯尼亚。它具有明显的水果风味，不过一般认为风味略逊于SL-28。它对叶锈病抵抗力也很弱，为红色果皮。

## 瑰夏 （Geisha/Gesha）

瑰夏的英文正确拼写方式目前还有争议，但普遍来说较多人使用的是Geisha。今天种植于巴拿马境内的瑰夏是从哥斯达黎加引进的，但一般认为源头是埃塞俄比亚西部一个名为Gesha的小镇。人们认为这个品种可以制作出带有特别芳香的花朵风味咖啡，近年来因市场需求度高而价格暴涨。

2004年，巴拿马的翡翠庄园（Hacienda La Esmeralda）以瑰夏获得咖啡豆竞赛冠军，自此它越来越受到重视和欢迎。这批咖啡豆因风味过于独特，在当时令人难以置信地达到每磅21美元的创纪录的竞标价格，直到2006年和2007年才被打破，以每磅130美元收官，比商业咖啡的成交金额高出近百倍！这鼓励了许多中美洲及南美洲的庄园争相栽种瑰夏。

## 帕卡斯 （Pacas）

帕卡斯是波旁的自然突变种，于1949年在萨尔瓦多被帕卡斯家族发现。帕卡斯品种的果皮为红色，它较低矮的树丛有利于人工采收。风味普遍认为近似波旁，属于较讨喜的类型。

上图：帕卡马拉

### 薇拉·萨尔奇 （Villa Sarchi）

在哥斯达黎加的小镇被发现，并因此得名，是波旁的另一个自然突变种，与帕卡斯一样有着"侏儒般"的低矮树丛。目前已被培育成产量极高的咖啡品种，风味表现也非常优异。红色果皮。

### 帕卡马拉 （Pacamara）

1958年在萨尔瓦多人工培育出的混血品种，双亲为帕卡斯和马拉戈日皮。与马拉戈日皮一样具有较大的叶片、果实及种子，风味也有许多明显、优质的独特属性，尝起来有类似巧克力和水果的风味，但也可能带着较不讨喜的草本、洋葱般的风味。红色果皮。

### 肯特 （Kent）

因20世纪20年代在印度的一项选种计划中一位咖啡农的姓氏而得名，为提高抵抗叶锈病能力而培育出的品种，但倘若遇上突变的叶锈病，可能也难以幸免。

### S795

也是在印度培育出的品种，由肯特和S288杂交，是较早被选育、具有抵抗叶锈病能力的品种，在印度和印度尼西亚被广泛种植，不过现在人们认为它可能已逐渐失去抗病力。

### 野生阿拉比卡品类 （Wild Arabica Varieties）

之前介绍的所有品种基因相似度极高，因为它们几乎都源自单一品种帝比卡。不过许多生长在埃塞俄比亚的咖啡树都不是人工选育的品种，而是原生的品类（heirloom varieties），可能由不同的树种或品类之间自然杂交繁衍形成。目前尚未有充足的研究能把所有野生品种分门别类，更别说探究这些野生品种的基因多元性及风味表现上的差异了。

# 采收咖啡
# Harvesting Coffee

对咖啡风味的品质来说，仔细采收咖啡浆果是很基本又非常重要的一个环节。毋庸置疑，在咖啡果实达到最佳成熟度时采收，制作出的咖啡通常味道最棒。专家将采收阶段视为影响咖啡品质的关键阶段，采收之后的各个阶段仅能保持品质，无法改善品质。

采收高质量咖啡果实时面临的最大挑战，大概就是所在地的地形了。高质量的咖啡必须种植在海拔相对较高的地区，许多咖啡庄园就位于多山区域的陡峭斜坡上。单是穿过树木就已十分困难，甚至可以说极其危险，不过这正是每座咖啡庄园的真实情况。

## 机械采收

巴西境内有许多高海拔同时地势较平坦的区域，恰好适合大量种植咖啡，这里的大型庄园将大型机械开进整齐划一的咖啡树列中，发出震动，使浆果松脱后掉落。使用机械采收有许多缺点，最大的问题是会采收到未完全成熟的果实。咖啡树的枝条上同时会有完全成熟与未熟的果实存在，采收机无法分辨成熟度，会一并采收。这意味着采收完后必须进行分离成熟果与未熟果的工序，随着果实掉落的断枝与树叶也必须挑除。以机械方式采收可以大大降低成本，但普遍来看质量会有所降低。

左图: 在巴西佛得角（Cabo Verde）以大型机械采收的阿拉比卡咖啡。这种方式非常有效率，但采收之后必须另外进行挑选成熟果实的工序。

## 速剥采收法

由于大型机械的使用有地形限制，绝大多数采收工作还是必须依赖人工。其中一种十分迅速的方式是速剥采收法（strip picking），即一次将整个枝条上的所有果实以熟练的手法快速剥除，就像机械采收般快速，但也相对不精确。以此方式采收无须昂贵的机器，也不一定要平坦的地势，不过采收的结果是成熟果与未熟果混杂，之后仍然需要进行筛选。

## 手摘采收法

为了制作高质量的咖啡，手摘采收法（hand picking）仍然是目前最有效率的采收方式。采收工仅采摘成熟的浆果，未成熟的果实等成熟后再采收，这是一种高强度的劳动。庄园主要面对的课题是如何鼓励采收工只采摘成熟的果实，由于采收工的工资是称重计价，采收工难免心存采摘未成熟的果实以增加重量的想法。重视质量的庄园主必须格外注意采收团队的待遇，就采收质量的一致性给予额外奖励。

下图：采收后的咖啡浆果可以通过水选浮力槽筛选，熟果会沉入水底，并用泵抽至下一处理阶段，未熟果则会浮在水面上，可以分开处理。

## 落果

咖啡生产者有时会收集自然掉落的果实，无论它们成熟还是未成熟，组成低质量批次中的一部分，即使是世界上最棒的咖啡庄园也无法避免。将落果遗留在咖啡树下会造成许多问题，因为落果可能会吸引咖啡果小蠹进驻。

## 人工采收的问题

手摘采收法日益面临重大挑战，因为这种方式占整体生产成本的比例很高，因此在一些如夏威夷科纳区（Kona）般的发达国家产区，最终售价会十分昂贵。在一些快速发展中的国家，人们显然不会只想靠采收咖啡维生。中美洲的咖啡庄园通常雇用流动劳工进行采收，这些劳工会在许多国家间来回穿梭，因为不同地区的采收期会有些许不同。目前大多数这类流动采收工都来自尼加拉瓜——这一区域里经济相对落后的国家。对咖啡庄园而言，找到足够的劳动力进行采收仍将是一项挑战，事实上，波多黎各甚至一度让囚犯协助采收！

## 筛选果实

采收后的浆果通常会再经过许多不同的工序进行筛选，避免未熟果与过熟果对整批果实的质量造成影响，在一些工资较低、较缺乏资金添购设备的地方，这一切都是靠人工。在发展程度较高的国家，此工序通常会使用水选浮力槽，将咖啡浆果倒入一个大型水槽中，成熟果会沉入水底，并由泵抽取送至主要的精制流程，未熟果会浮在水面上，便于捞出后分开处理。

对页图上：在低工资地区，咖啡通常以人工采收，以达到成熟果实占比最大化的目的。
对页图下：在萨尔瓦多，一名工人正手工挑选采收的果实。

# 生豆精制处理
## Processing

咖啡在采收后进行精制处理的方式对一杯咖啡的风味有很大影响，因此如何描述和推销精制处理法显得越来越重要。如果你认为咖啡生产者在选择精制处理法时会把风味当一回事，那可就大错特错了。当然有些生产者会根据风味来考虑精制方式，但绝大多数生产者的目标是，如何在尽可能减少瑕疵豆并维持质量稳定的处理方式下，换取最多的金钱。

采收后，所有的咖啡浆果会送至湿处理厂（wet mill），在这里进行从剥除外果皮到晒干咖啡豆等系列程序，才能达到适合储存的状态。在精制处理初期，咖啡豆的含水率约为60%，理想的生豆含水率则是11%~12%，这样咖啡豆才不会在等待出售及运送期间腐坏。被称为湿处理厂的地方可以是独自采购若干设备的一家农庄，也可以是具备处理巨量咖啡豆能力的大型工厂。

湿处理厂主要负责将咖啡浆果制成晒干后的带壳豆（parchment or pergamino）。许多人相信外层的硬壳为里面的咖啡生豆提供了完善的防护，脱去硬壳前的生豆通常不会腐化，所以一般的做法是咖啡豆即将出口前才会进行脱壳。

"湿处理"（wet milling）一词有点儿误导人，因为某些咖啡生产者在精制处理时根本没用到水，不过这个称呼倒是足以与紧接其后的"干处理"（dry milling）相区分。干处理指的是脱壳（hulling）及生豆分级（grading）（详见第37页）。

毫无疑问，精制处理对咖啡质量影响甚巨，越来越多老练的咖啡生产者开始通过操纵精制处理流程的差异来制作具备特定质量的产品，如今蔚然成风。但具备这种能力的咖啡生产者仍属凤毛麟角。

对大多数咖啡生产者而言，制作出能换取最多利润的咖啡豆是决定使用何种精制技巧的重要考量因素，有些精制处理方式需要较长的时间、较多的金钱或较多的天然资源，因此这个决定十分关键。

### 日晒处理法

亦称干燥式处理法（dry process），是最古老的生豆精制处理法——将采收后的咖啡浆果直接铺成薄薄一层，接受阳光曝晒。有些生产者会把浆果放在砖造露台上，有些则使用特制的架高式日晒专用桌，让浆果享

对页图：采收后的咖啡浆果会在湿处理厂进行精制处理，外果皮会被剥除并制作成晒干的带壳豆，以便储存及运送。

---

### "瑕疵豆"的定义

"瑕疵豆"（defect）一词在咖啡领域中指会导致劣质风味的特定问题豆。有些瑕疵豆可以在生豆状态时轻易被发现，有些则是在最后品测阶段才能被察觉出来。较轻微的瑕疵豆比如虫咬豆，比较容易用肉眼识别；较难用肉眼判断的则是较严重的酚类瑕疵豆，带有较尖锐的金属味及除漆剂似的味道，有时还会混杂着听起来就不太妙的硫化物气味，成因目前尚未完全确认。不当的精制处理也会产生瑕疵豆，有过度的发酵味、令人不舒服的土味以及醺醉味，常令人联想到谷仓旁的土地味或腐败的水果味。

受更多的空气对流，干燥效果会更均匀。日晒过程中必须不断翻动浆果，以避免发霉、过度发酵或是腐败。浆果达到适当的含水率时，就会用机器将外果皮及硬壳脱除，在出口前以去壳生豆的状态保存。

日晒处理法会为咖啡增加若干风味，偶尔会添加宜人的好味道，但大多时候是令人不舒服的气味。在埃塞俄比亚及巴西的某些地区，由于没有水源可以利用，日晒处理法可能就是生产者唯一的选项了。在全世界的产区中，日晒处理法通常被视为用来制作质量非常低或未熟果较多的批次的方式。大多数人会以最节俭的方式制作，因为这些日晒豆最后多半留在国内市场，比较不具经济价值。如果为了这样相对低的回馈去投资架高式日晒专用桌，显然有违常理。不过部分选择用日晒处理法制作高质量咖啡豆的人会发现，用日晒处理法更昂贵，因为要照顾好这些高级日晒豆，就得付出较多的专注力以及劳力。

在某些地方，日晒处理法仍保持一贯的传统，显然市场对较仔细处理过的日晒豆也有需求。不论哪个品种或种在哪个微气候区域，日晒处理法通常会为咖啡增加水果般的风味。所谓的水果风味通常指蓝莓、草莓或热带水果，但有时也会产生负面的风味，如谷仓旁的土地味、野性风味、过度发酵味及粪便味等。

高质量的日晒豆让咖啡工作者追求极致，许多能看到咖啡真正价值的人发现，那些水果风味特别强烈的咖啡格外适合用来展示咖啡风味的可能性。也有一些人则觉得野性风味令人感到不舒服，或担心这会让越来越多的采购者变相鼓励生产者产出更多的日晒豆。日晒处理法是一种相对难以预测成败的精制处理法，经过高质量采收的批次有可能因为这一处理法而变质，造成难以挽回的失败和生产者重大的经济损失。

## 水洗处理法

水洗处理法的目的是在干燥程序之前去除咖啡豆上黏糊糊的果肉层，如此可大大降低在干燥程序中可能出现的变量，因此咖啡豆可能会有较高的经济价值。

## 干燥速度和储存潜力

虽然干燥程序在较早的阶段进行，但许多研究似乎都暗示要以缓和、均匀的方式进行干燥。这样做不仅在短期来看对提高咖啡质量有许多好处，就长期而言也可以帮助生豆维持良好的风味。太快完成干燥程序的咖啡豆，在运送到烘豆商手上不久，便易丧失迷人的风味特质。实际案例显示，风味在数个月甚至数周内就会发生衰退，这对烘豆商及最终消费者来说都是噩耗。

不过这一处理法也要花费更多成本。

采收后的浆果会用去果皮机（depulper）将外果皮及大部分果肉从咖啡豆上分离，咖啡豆随后被导引至一个干净的水槽，浸泡在水中进行发酵，以去除剩余的果肉层。果肉层中含有大量果胶体，牢牢黏附在咖啡豆上，发酵作用会破坏果胶体的黏性，使其容易被冲洗下来。不同的生产者会使用不同的水量参与发酵过程。水洗处理法有环保上的疑虑，部分原因是发酵后产生的污水可能有危害环境的毒性。

发酵程序所需的时间与许多因素有关，包括海拔高度及周围环境的温度，温度越高的环境发酵越快。如果咖啡豆在发酵过程中浸泡太久，负面的风味就会增加。要检测发酵作用是否完成有许多方法，有些生产者会用手抓抓咖啡豆，看看是否会发出果胶脱落时的嘎吱声，如果有就表示咖啡豆较干爽、不黏滑；另一些生产者则会在水槽里插入棒子，因为果胶脱落后会让水槽内的液体略微呈凝固状态，所以如果棒子能直立，发酵程序就算完成了。发酵程序完成后，将咖啡豆以清水洗去残留物，之后就等待进行干燥了。干燥程

左图上：日晒处理法是处理咖啡浆果最古老的方式，咖啡浆果晒干到较稳定的状态，以避免发霉、过度发酵或是腐坏。

左图下：去果皮机用来脱除咖啡的外果皮及果肉层，之后将咖啡豆导引至干净的水槽中进行发酵，进一步去除剩余的果肉层。

## 日晒处理法

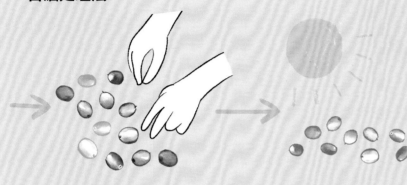

**拣除未成熟果实:** 用手工拣除绿色的未成熟果实。

**进行干燥程序:** 成熟的咖啡浆果平铺,接受阳光曝晒,人工不断翻动,让空气更均匀地在咖啡浆果四周流动。

## 带果胶日晒处理法(蜜处理法)

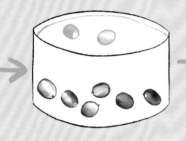

**筛除未成熟果实:** 将采收后的咖啡浆果倒入水槽中进行浮力筛选,成熟的果实会下沉并直接导入下一阶段,未成熟的果实则会浮在水面。

**去除外皮:** 用去果皮机剥除外果皮及大部分果肉层。

**干燥程序:** 脱除果肉层后的带壳豆平铺在露台或架高式日晒桌上曝晒,咖啡豆干燥得较快时,会增加甜味和口感的厚实度。

## 水洗处理法

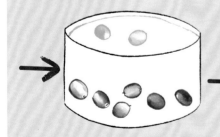

**筛除未成熟果实:** 将采收后的咖啡浆果倒入水槽中进行浮力筛选,成熟的果实会下沉并直接导入下一阶段处理,未成熟果实则会浮在水面上。

**去除外皮:** 用去果皮机剥除外果皮及大部分果肉层。

**发酵:** 将带着果胶的咖啡生豆置于干净的水槽中发酵,以去除任何残留在咖啡豆表面的果肉层。

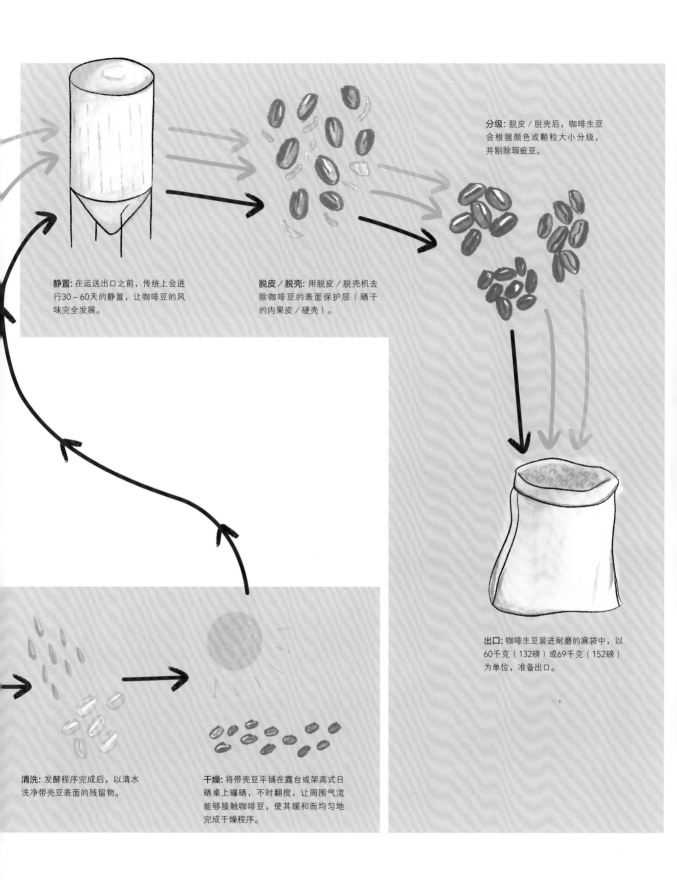

**分级:** 脱皮／脱壳后,咖啡生豆会根据颜色或颗粒大小分级,并剔除瑕疵豆。

**静置:** 在运送出口之前,传统上会进行30~60天的静置,让咖啡豆的风味完全发展。

**脱皮／脱壳:** 用脱皮／脱壳机去除咖啡豆的表面保护层(晒干的内果皮／硬壳)。

**出口:** 咖啡生豆装进耐磨的麻袋中,以60千克(132磅)或69千克(152磅)为单位,准备出口。

**清洗:** 发酵程序完成后,以清水洗净带壳豆表面的残留物。

**干燥:** 将带壳豆平铺在露台或架高式日晒桌上曝晒,不时翻搅,让周围气流能够接触咖啡豆,使其缓和而均匀地完成干燥程序。

生豆精制处理　　35

序通常是将咖啡豆平铺在砖造露台或架高式日晒专用桌上曝晒。与日晒处理法相同的是，这道工序需要用一个大耙子频繁地翻动咖啡豆，以确保咖啡豆缓慢而均匀地干燥。

在缺乏日照或湿度过高的地区，生产者会使用机械烘干机将咖啡豆的含水率收干至11%~12%。就咖啡豆的质量来说，用机械烘干法处理的咖啡豆通常被认为味道稍逊于用天然日晒干燥法处理的咖啡豆。甚至将咖啡豆置于露台上直接曝晒也可能使干燥程序进行得太快，从而无法达到质量最优的目标。有许多制作高质量咖啡豆的生产者为了减少瑕疵豆的比例而选择水洗处理法，这仍会影响到杯中风味。相较于其他处理法，水洗处理法往往使咖啡豆呈现出酸度稍高、复杂度稍强及更"干净"的杯中特质。"干净"是个重要的词，意指一杯咖啡里完全没有负面风味，如瑕疵风味或不寻常的尖锐感（harshness）及涩感（astringency）。

## 混合式处理法

### 去果皮日晒处理法

主要在巴西使用的处理法，由设备制造商Pinhalense经过多次实验研发出来的成果，实验的方向就是要用比水洗处理法更少的水制作出高质量的咖啡豆。

采收之后，咖啡果实用去果皮机剥除外果皮和大部分的果肉层，直接送至露台或架高式日晒专用桌进行干燥程序。保留的果肉层越少，越能降低产生瑕疵豆的风险，但小部分的果肉层仍会给咖啡豆贡献更多的甜味与风味的厚实度。本处理法仍需格外留意脱除果皮、果肉后的干燥程序。

下图: 脱除硬壳后的生豆会以人工方式根据咖啡豆的大小、颜色进行分级，同时剔除瑕疵豆，这个很费时的程序能制作出非常高质量的咖啡。

### 蜜处理法

本处理法十分接近去果皮日晒处理法，主要在哥斯达黎加和萨尔瓦多等为数不少的中美洲国家使用。采收后的咖啡果实一样用去果皮机剥除外果皮，但会比去果皮日晒处理法使用更少的水。去果皮机通常可以控制让多少果肉层保留在豆表硬壳上，由此制作的咖啡可以被称为100%蜜处理或20%蜜处理等，西班牙文的miel翻译成英文就是honey，指咖啡果肉的黏膜层。保留越多的果肉层，进行干燥程序时产生过度发酵风味的瑕疵风险就越高。

### 半水洗处理法／湿磨处理法

印度尼西亚常见的处理法，当地称为gilingbasah。采收后的浆果脱除果皮后，会进行短时间的干燥程序。与其他处理法不同的是，这一处理法不直接将咖啡豆晒到含水率11%~12%的程度，而是晒到含水率30%~35%时先脱去内果皮，让生豆表面直接暴露出来，之后继续晒干，直到达到不易腐坏、方便储存的含水率，这种二次干燥的方式赋予咖啡豆沼泽般的深绿色外观。

半水洗处理法是所有处理法中唯一不在运送出口前脱除内果皮的，许多人认为这是造成瑕疵风味的因素之一。但市场显然已经将其视为印度尼西亚咖啡豆必定会出现的味道，因此不急着让这种处理法消失。

半水洗式处理法使咖啡豆具备较低的酸度，同时有更醇厚的特性，这一处理法也制作出许多不同的风味，如木质味、土壤味、霉味、香料味、烟草味以及皮革味，咖啡业界对这些风味是否讨喜一直存在很大的争议。许多人认为这些味道过于强烈，掩盖了咖啡本身的味道（就像日晒豆的强烈味道也会盖住咖啡味），也很少有人真正探究印度尼西亚咖啡到底应该尝起来如何。然而，在印度尼西亚也有一些使用水洗处理法制作的咖啡豆是我认为颇值得尝试的，这些咖啡豆很容易辨识，因为外包装上大多都会标示"水洗处理法"（Washed/Fully Washed）。

### 脱壳及运送出口

离开湿处理厂之后，咖啡豆仍保存在内果皮的内部（除非是以半水洗处理法制作的），这时的生豆含水率已经降低到不必担心腐坏的程度，能够放心储存。传统的做法会让咖啡豆进行"静置"（resting），为期30~60天。让咖啡豆进行静置的原因尚未经研究确认，有些趣闻说跳过静置的程序，会让咖啡带着青涩味等不讨喜的特质，但陈放一阵子之后又会恢复正常；另一证据显示，静置期会影响咖啡运送后老化的速度，也许与生豆内部的含水率有关。

在这一过程的最后，咖啡豆售出时才会进行脱壳，在此之前，外部的内果皮就是咖啡生豆最好的保护层。但带着内果皮一起运送会增加重量和体积，因此必须在运送之前脱壳，以节省运输的开销。

脱壳程序是在干处理厂（dry mill）使用脱壳机去除内果皮，相较于干处理厂，湿处理厂要脱除外果皮及果肉层，最后再进行干燥的程序。干处理厂一般也会有分级或筛选设备，脱壳之后，咖啡生豆会被输送到一部色选机里检测颜色，任何明显的瑕疵豆都会被剔除，接下来也可以使用大型的多层震动式筛网将不同尺寸的咖啡生豆分类，再以手工进行最后的分级。

这道十分费时的程序会在一个大型台面上进行，搭配输送带，有时则会在大型露台上进行，常由女性工作者接手。她们在各自分得的咖啡中尽可能挑除所有瑕疵豆，有时还会用自动化输送带限制挑豆时间的长短。这是个缓慢的程序，为咖啡豆增加了可观的成本，同时也大幅提升了咖啡豆的质量。毫无疑问，这是件艰难又单调乏味的工作，因此有耐心担任这份工作的人能得到较高的报酬。

### 装袋

到此阶段咖啡生豆就能装袋了，通常会依照生产国各自不同的习惯装成约60千克或约69千克的规格。有时甚至会搭配保护性材质如多层聚乙烯制成的袋子，

在埃塞俄比亚中南部的耶加雪菲（Yirgacheffe）村附近，工人正在缝合装着约60千克的咖啡豆的麻袋，这些广受欢迎的产品会出口到世界各地。

帮助咖啡生豆防潮,有时会做成咖啡生豆真空包,再以厚纸箱打包,然后才运送出口。

长久以来,麻袋一直是包装咖啡生豆的主要工具,主因是它很便宜、容易取得,且对环境的影响较小。但随着精品咖啡产业对运输时的状态及之后的日常保存状态有更高的要求,新的包装材料正陆续被研发出来。

### 运输

一般来说,从原产国出口咖啡生豆时都使用货柜运输,一只货柜最多可以装 300 个麻袋的咖啡豆。部分廉价的低质量咖啡豆有时会直接倒入货柜,只用巨大的衬布盖住表面,因为购买这类低品质咖啡豆的烘焙商通常一收到货就会立即进行加工处理,整个货柜会用吊车直接把咖啡生豆倒进烘焙厂的进料站区内。

使用货柜并以海运方式运送咖啡生豆是一种对环境影响较小的方法,海运运费也相对便宜。缺点是咖啡生豆会暴露在高温及高湿度的环境下,质量可能会因此打折扣。运输也是一项很复杂的程序,因为许多国家海关的烦冗手续,常导致咖啡生豆必须存放在炎热、潮湿的港口中至少几个星期,有时甚至长达数月。空运仍然是对环境及成本较不友善的选项,许多精品咖啡产业的人至今仍因为运输问题而感到受挫。

### 尺寸及分级

在许多咖啡生产国里,根据咖啡豆尺寸分级的历史较悠久,以质量分级的历史较短,事实上两者之间仍然被认为存在一些关联性,虽然在技术层面上完全不同。不同的生产国会采用不同的分级词汇定义他们的咖啡豆等级(详见右方专栏)。

分级通常是使用不同尺寸孔径的筛网来分离不同大小的颗粒,传统上,偶数号(14/16/18 目)的筛网用来筛选阿拉比卡,奇数号(13/15/17 目)则用来筛选罗布斯塔。咖啡生豆一经脱壳程序后,马上会被导入有许多不同号数筛网的震动式筛选机,进行尺寸分级。

小圆豆是最小号数、完整无破损咖啡豆的等级,一

颗果实内仅有一粒生豆时,就是小圆豆了,正常情况下,一颗果实内应该会有两颗平豆。小圆豆被认为可能有较高的风味密集度,但并非举世皆准,不过拿相同批次的小圆豆与平豆相比较,是一种很有趣的经验。

大颗的豆子不一定就是最好的,就烘焙而言,豆子的颗粒大小差异越小越有利,烘出的咖啡豆也较均匀。因为不同大小的咖啡豆密度不同,在烘焙过程中,较小的颗粒(通常密度也较低)进展较快,较大的颗粒(通常密度较高)则进展较慢。如果将差异很大的咖啡豆混合烘焙到同样的程度,至少会有一部分无法达到理想的烘焙度。

## 常见的尺寸分级名称

不同咖啡产区中最常见的尺寸分级名称如下。

### 哥伦比亚

优选(Excelso)与特选(Supremo)是两种最常见的分级名称。优选代表尺寸目数为 14~16 目间的咖啡生豆,特选则代表 16~18 目间或更大的尺寸。哥伦比亚的咖啡销售系统是产业先驱,他们使用这样的分级方式来强调质量的差异。(详见第 204 页)

### 中美洲

此地区较大的尺寸被称为特级豆(Superior),也是一种以尺寸强调质量高低的模式,小圆豆则被称为蜗牛豆(caracol)。

### 非洲

最大的尺寸称为 AA 级,AB 级次之,A 级第三。在像肯尼亚这样的咖啡生产国中,尺寸被特别强调与质量高低有直接关系,因此 AA 等级的批次通常在国内拍卖系统中更容易以较高的价格出售。

### 小圆豆

一颗咖啡果实中仅形成一颗生豆

### AB 等级

因尺寸分级方式而被认为是好的品质，但相较于AA等级市场价值稍低

### AA 等级

单一批次中最大的尺寸，市场价值最高

### 去果皮日晒处理法

生豆上仍附着少许果肉，外观略带点儿橘色

### 水洗处理法

咖啡生豆的外观看起来比其他两种处理法干净许多

### 日晒 / 干燥式处理法

生豆具有典型的橘色/棕色外观，这是日晒处理法的特征之一

### 帕卡马拉 / 马拉戈日皮

异常巨大的生豆，常被认为味道很讨喜

# 咖啡豆交易模式
## How Coffee Is Traded

人们常引用"咖啡是世界交易量第二大的期货商品"这句话，其实并不属实。不论交易频率还是金钱价值，咖啡甚至排不进前五名。即便如此，咖啡的交易模式已成为一些道德组织关注的焦点。咖啡豆买卖双方之间的关系常被视为第一世界对第三世界的剥削行为，虽然毫无疑问的确有剥削之实，但也仅是少数人。

咖啡生豆通常以美元为报价单位，以磅（454克）为重量单位。咖啡豆的交易价格在国际有公认的行情，称为咖啡指数或C价格指数。此价格指数即是商业咖啡在纽约证券交易所（New York Stock Exchange）的交易价格。咖啡产量以袋计算，非洲、印度尼西亚及巴西的咖啡都是约60千克一袋，从中美洲来的则是约69千克一袋。虽然以袋计算，但大批次交易中通常都是算货柜数，一只货柜通常可装载300袋咖啡豆。

与一般人想象中相反的是，真正在纽约证券交易所里买卖的咖啡量其实不多，但是C价格指数确实提供了全球咖啡交易时最低的基本价格，也是咖啡生产者能接受最低的售价。某些特定较优质批次的咖啡通常会依照C价格指数再增加若干金额，有些国家如哥斯达黎加及哥伦比亚，一直以来都有较高的增长幅度。这一交易模式仍然较多集中在商业咖啡上，精品咖啡较少采用。

依照C价格指数定价其实存在问题。因为价格是浮动的，某些区域的C价格指数通常会依据供需法则决定。但从2000年底起，全球咖啡需求量一直

在增加，供应量则相对变少，因此市场的咖啡价格提高了，这导致该年咖啡的C价格指数飙升至有史以来最高点，超过每磅3美元。这不只是供需法则，也有其他因素的影响，许多贸易商及投机型投资团体为了大赚一笔投入大量热钱，造成咖啡产业前所未

有的泡沫化。C价格指数开始从此高点慢慢跌回投机者难以图利的正常范围。

C价格指数不会反映咖啡的生产成本，仅依照C价格指数买卖，生产者可能会因为种咖啡而陷入亏损，对这一问题最成功的对策当属公平交易运动

上图：摄于1937年巴西桑托斯（Santos）港口，众多咖啡麻袋装载上船的情形。到了今日，咖啡生豆几乎都装在货柜内运输，一个货柜可以容纳约300袋。

（Fair Trade movement），另外当然还有其他可持续发展的咖啡认证机构，如有机交易组织（Organic Trade

Association）及雨林联盟（Rainforest Alliance）等（详见本页下方表1.1）。

## 公平交易

虽然公平交易已成为一种成功的工具，让人们购买咖啡豆时觉得比较对得起良心，但公平交易实际上如何运作目前仍有一些模糊地带。许多人都假设公平交易系统承诺的事能完全实现，甚至会做得更多，人们也认为任何咖啡都可以做到符合公平交易认证（理论上如此）。但现实并非如此，更糟糕的是，想攻击公平交易认证制度的人可以轻易地反驳说，农民并没有在咖啡产业的交易中实质上得到较高的收入。

公平交易制度保证农民可以得到一个基本价格，进行可持续经营，当市场行情高于公平贸易的底价时，每磅咖啡可以收取比C价格指数高出0.05美元的价格。公平交易制度中公平贸易协会与咖啡产销合作社之类的组织合作，不能只针对单一农庄进行认证。评论者抱怨这样的模式缺乏可追溯性，且很难保证多收的钱能确实回馈给生产者。也有些人批评这一模式不能真正鼓励生产者提升质量，但它的确让精品咖啡产业改变了寻找咖啡的方式，不再从商业咖啡模式中寻找货源，而商业咖啡的价格是由全球供需关系决定的，与咖啡本质或质量毫无关系。

## 精品咖啡产业

精品咖啡产业的烘豆商向咖啡生产者采购时，有许多不同的交易条件和交易新名词：

**表1.1　咖啡认证系统**

| 认证系统 | 有机认证 | 公平交易认证 | 雨林联盟 |
|---|---|---|---|
| **目　标** | 创造一个可持续的农业系统，让食物的生产与自然和谐共存，维持生物的多样性，提高土壤的质量。 | 通过公平的价格进行直接贸易，用促进社区发展和环境保护的方式，使发展中国家的农业家庭拥有更好的生活条件。 | 为了确保农场的可持续管理而需具备以下条件：生物多样性的保存、社区发展、劳工权益以及高效率的农耕方式。 |
| **源起和发展** | 可追溯至19世纪在英国、印度及美国的一些措施，第一次有机认证始于1967年，后来发展成为国际认可的认证系统。 | 20世纪70年代，由马克斯·哈弗拉尔（Max Havelaar）在荷兰发起，现在是一个以德国为基地的国际公平交易标签组织（Fairtrade labelling organizations International，简称FLO），与超过20个国家的分支机构共同合作。 | 始于1992年，由雨林联盟和拉丁美洲的非政府组织可持续农业网络（Sustainable Agriculture Network，简称SAN）共同发起，1996年首次进行认证。运作方式如下：进行认证的农园必须达到各项认证标准，包括环境保护、务农家庭的权益与福利，以及社区发展等诸多方面。 |

**合作伙伴关系咖啡**：咖啡生产者与咖啡烘焙商之间持续的伙伴关系，通常彼此会针对质量的提升及更有利于可持续经营的收购价格进行对话与合作，为了朝正面的方向前进，咖啡烘焙商必须购买足够的咖啡豆数量。

**直接贸易**：最近兴起的一种交易模式，咖啡烘焙商希望与咖啡生产者直接沟通，而非通过进口商、出口商或是其他第三方组织。这个模式的问题在于降低了进出口贸易商这一重要角色在产业中的地位，可能会不公平地把他们描述为单纯剥削生产者的中间人。为了让这个模式有效运作，咖啡烘焙商必须购买足够的咖啡豆数量。

**公正买卖模式**：每一笔交易都有良好的透明度及可追溯的资料，并支付生产者较高的价格。这个模式并没有一套认证系统来认证每一笔交易，但所有参与者会朝好的方向来完成交易。第三方组织有时也会参与，但通常只在会增加附加价值的条件下出现。这个名词通常只在消费者询问某一批咖啡是否为公平交易咖啡时，才会被特别提出说明。

这些交易模式背后的真正意义是让咖啡烘焙商尝试购买更多容易追溯来源的咖啡豆，减少供应链里不必要的中间人，并付出较高的价格奖励愿意生产较高质量咖啡豆的生产者。但是这些模式与概念都遭到若干批评，缺少第三方认证组织系统的证明，要确认烘焙商是否真的如实采用这些模式采购咖啡豆是有困难的。有些烘焙商可能会采购咖啡进口商或掮客才能追溯信息的咖啡豆，却声称是直接交易或共同合作关系咖啡。

对咖啡生产者而言，从来没有人可以保证长期的合作关系，因为有些采购者每年只寻求最佳品质的批次，愿意为之付出非常可观的价格。这使得品质提升的长期投资变得越来越困难，让某些中间商的服务更显珍贵。特别是对需要采购较小量咖啡豆的烘焙商而言，要将咖啡豆运送到世界各地的物流系统需要某种程度的专业与技术，这是许多小咖啡烘焙商无法做到的。

## 给消费者的忠告

选购咖啡时，对消费者来说，咖啡豆是否真正依照某些道德标准采购得来是十分难以确认的。有些精品咖啡烘焙商已发展出一套由第三方认证的采购计划，但大多数烘焙商没有。假如包装上有以下可追溯信息时，你选购的咖啡豆相对比较安全，也更可能让生产者得到较高的收入：标示有生产者的姓名、合作社或处理厂的名称。你能得到的关于生产者信息的多寡会因不同生产国而有所差异，且在各个生产环节里或多或少地被掩盖了。如果买到一包很喜欢的咖啡豆，你应该向他们询问更多关于这包咖啡豆的信息，大多数烘焙商会乐意分享，且通常对他们所做的努力感到非常自豪。

## 拍卖会咖啡

通过网络拍卖会交易的咖啡豆正缓慢而稳定地增长。最典型的形式是在咖啡生产国举办比赛，让咖啡生产者提交最佳批次的咖啡进行评比，交由专业咖啡品评裁判给予名次。通常由本国裁判进行第一轮海选，之后再由世界各地的咖啡采购者组成国际评审团，进行最终的风味鉴定。最佳批次的咖啡豆会在拍卖会中卖出，得奖的批次通常都会以非常高的价格成交。大多数拍卖会会在网络上公开所有的得标价格，让拍卖程序有完整的可追溯信息。

这个概念也受到少数已建立高质量品牌形象的庄园欢迎，只要国际采购者对他们的咖啡豆产生足够的兴趣，他们也可以自己举行拍卖会。这样的概念源于巴拿马的翡翠庄园，他们的咖啡豆曾经多次赢得竞赛冠军，并创下巨额成交金额的纪录。（详见第254~257页）

采收后的咖啡浆果会经筛选，去除未熟果、过熟果、树叶、泥土及断枝，通常都是人工操作，利用筛网将杂物筛除。

# 咖啡饮用简史
## A Short History of Coffee Drinking

本书介绍了全球各个重要产区咖啡种植的历史，而在了解这些过往的同时，熟悉一些咖啡饮用的历史也非常重要。咖啡是一种真正的全球性饮品，我们经常听到这样一种说法：咖啡是世界上除水以外最受欢迎的饮料。虽然这个说法很难被证实，但这一点充分说明了咖啡的普及性。

目前我们无法找到确切的历史证据来追溯人们是如何开始饮用咖啡的。但有证据告诉我们，早期的埃塞俄比亚人会将咖啡果实与动物的脂肪混合，做成球状，当作提振精神的小零食。而从零食到液体咖啡的历史中却有一块缺失的拼图：究竟是谁想出将咖啡的种子取出，进行烘焙、研磨，最后用热水冲泡咖啡粉并饮用的呢？这是一个惊人的跃进，但这个问题可能永远不会有答案。

我们现在所知的是，早在15世纪末期就开始出现饮用咖啡的证据了。但历史上的第一家咖啡馆是不是1475年开在君士坦丁堡的Kiva Han则不太明确。如果这件事是真的，当时这家咖啡馆使用的咖啡豆可能来自也门，因为彼时饮用咖啡的习惯已传播到这一区域。咖啡迅速与政治及宗教纠缠在一起，正因如此，麦加和开罗分别在1511年和1532年禁止设立咖啡馆，然而，

**右图:** 20世纪50年代，这种供应意式咖啡的咖啡馆在伦敦还很新奇。最近几年咖啡饮品再次受到大众欢迎，这种咖啡馆又出现了，人们对咖啡馆及如何煮好咖啡兴致大增。

上图：17世纪中期，欧洲的第一家咖啡馆开张了，咖啡馆提供单一产区的滴滤咖啡。咖啡迅速取代了啤酒及红酒，成为早餐中不可或缺的饮品。1773年波士顿倾茶事件之后，喝咖啡在美国变成一种爱国行为，从此，饮用咖啡的人数急速增加。

人们对咖啡的旺盛需求使这些禁令形同虚设。

## 咖啡抵达欧洲各国

欧洲人在1600年之后才开始喝咖啡，而且当时的咖啡并不用作愉悦享乐的目的，而是作为医药使用。17世纪早期，威尼斯商人已经开始进行咖啡贸易，而咖啡馆直到1645年才出现。伦敦的首家咖啡馆在1652年开设，咖啡与这座城市之间长达百年的情感交织就此开始。毫无疑问，咖啡激发并影响了一个城市的文化、艺术、贸易和政治。

在法国，时尚推动了咖啡的饮用热潮。咖啡也曾作为礼物被呈给国王路易十四，越来越多的咖啡饮用者将喝咖啡的习惯带进巴黎。

17世纪晚期，维也纳发展为另一个有着繁荣咖啡文化的城市。传说维也纳的第一家咖啡馆叫"蓝瓶子"，他们使用的是1683年奥斯曼帝国进攻维也纳失败后在

撤退时留下的咖啡豆。这听起来是个引人入胜的故事，但或许只是虚构的美好幻想，因为最新资料显示，维也纳的第一家咖啡馆是在1685年开业的。

饮用咖啡的风潮及咖啡文化的扩散随着茶文化的衰落而兴盛。1773年的波士顿倾茶事件是其转折点，当时美国的殖民者为抗议大英帝国的压迫而攻击波士顿港的货船，并将船上的茶叶倒入海中。这一举动不仅象征着对大英帝国的抗争，也使饮用咖啡成为美国人爱国的一种表现。随后几年，快速增长的人口意味着市场不断扩大，从而使美国成为全球咖啡行业中越来越有影响力的国家。

## 创新带来的改变

咖啡的饮用方式在美国得到创新和发展，以更廉价更便捷的方式走向全世界各个角落。1900年，一家名叫"山丘兄弟"（Hill Bros）的公司首次将咖啡以真空的方式装进罐中。咖啡的保质期因此变长，使饮用者不再需要费事地自己煮咖啡，这也让当地小型咖啡烘焙商的生意日益衰落。

日本化学家Satori Kato在1901年为速溶咖啡申请了专利，之前大家一直认为Satori Kato是第一个发明速溶咖啡制作方法的人。但最近几年有一些新的证据，证实新西兰的David Strang在1890年就已发明了速溶咖啡。速溶咖啡的出现大大提高了饮用咖啡的便利性，虽然速溶冲泡方式并没有提升咖啡的品质，但它让饮用咖啡变得更便利、更加容易实现。时至今日，速溶咖啡在世界上仍然非常受欢迎。

在欧洲，有关咖啡的创新和发明大多不适用于家庭领域，而更偏向运用在咖啡馆等商用领域。虽然有很多人宣称发明了意式咖啡机，但资料显示Luigi Bezzera在1901年获得了咖啡机的专利，世人因此认定他就是意式咖啡机的发明者。

咖啡机的应用可以让咖啡馆的咖啡师快速有效地冲泡出类似滤泡式咖啡的饮品。咖啡机领域的另一次巨大跃进发生在1945年，当时Achille Gaggia使用弹簧

为冲泡咖啡的过程增加压力。虽然我们已无法探究他是如何获得这项专利的，但这种用高压冲泡方式做出的浓缩咖啡一直流传至今：它很小杯，浓度很高，表面还浮着一层棕红色的泡沫，人们叫它"克丽玛"（crema）。

20世纪50年代和60年代，爆发式增长的意式咖啡馆不只提供咖啡饮品，更是一种文化象征。从技术角度来看，浓缩咖啡机是非常实用的设备，只要一台机器就可以迅速制作出多种饮品。

## 今日咖啡

谈到当今的咖啡，就不得不提到"星巴克"了。星巴克起源于西雅图的一家烘焙、制作及售卖咖啡豆的公司，后来，霍华德·舒尔茨（Howard Schultz）将这家公司变成一种闻名世界的咖啡现象，也就是我们今天所熟知的星巴克。舒尔茨说他创造星巴克的灵感来自一次意大利之旅，然而真正的意大利人对星巴克并没有熟悉的感觉。毫无疑问，星巴克及与之相似的咖啡品牌为今天的精品咖啡铺设了一条道路，它让我们养成了不在家喝咖啡的习惯，也提高了我们对一杯咖啡的价格的承受限度，星巴克的影响力非常大，尤其在像中国这样新兴的饮用咖啡的国家。

咖啡的产地及风味定义了今天的精品咖啡，消费者对咖啡的关注已开始影响咖啡馆对咖啡的冲泡、销售及服务的思考。饮用咖啡的行为也从单纯摄入咖啡因转变为自我满足、价值体现和自觉消费。如今，咖啡已融入世界各地的不同文化中。

下图：如今，咖啡馆提供的饮品非常多元化，有大众喜欢的甜的、加了牛奶的咖啡，也有手工制作的单一产区的手冲咖啡。

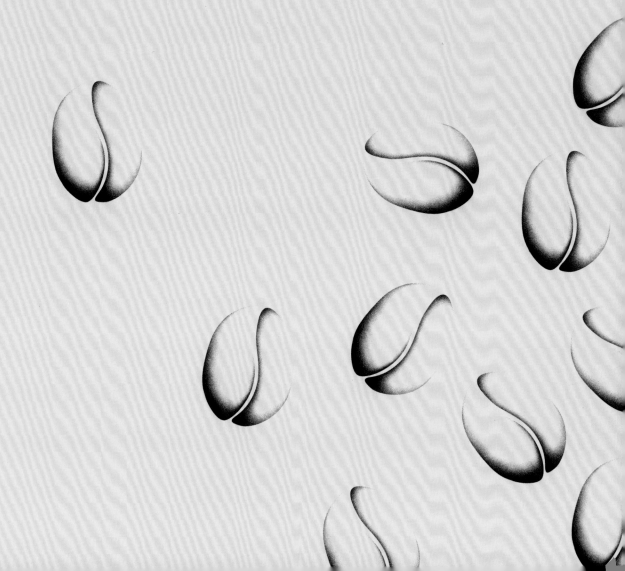

# 第二章

# 从生豆到一杯咖啡的旅程
# From Bean to Cup

# 咖啡烘焙
## Coffee Roasting

在咖啡产业里，烘焙是最吸引人的一个环节。咖啡生豆几乎毫无风味可言，直接品尝会有一股颇不讨喜的蔬菜味，但经过烘焙就转变为不可思议的芳香而又风味复杂的咖啡熟豆。新鲜烘焙的咖啡熟豆的气味会让人精神为之一振，喝起来非常美味。本章主要介绍商业性的咖啡烘焙。关于在家烘焙咖啡的内容，详见第 118~119 页。

关于品质相对较低的咖啡豆的商用烘焙已有非常多的研究，其中大多数内容与烘焙流程的效率及制造速溶咖啡的方法有关。由于这些低品质的咖啡相对缺乏有趣的风味，如何展现咖啡的甜味或是保留特定风土条件、特定品种的独特风味等方面的研究就很少了。

总的来说，全世界的精品咖啡烘焙商都依靠自我训练，其中许多人通过不断试错而学到精品咖啡贸易的精髓。不同的咖啡烘焙商有各自的风格、美学理念或烘焙哲学，对如何重现他们想要的咖啡质量十分清楚，但他们不见得了解烘焙的全貌，因此要烘焙出不同的风格可能存在困难。这并不代表美味且经过妥善烘焙的咖啡熟豆难以寻求：在世界上任何一个国家基本上都可以找到这样的咖啡，未来人们必定能烘焙出更棒的咖啡豆，因为当前仍有许多值得探索与发展的烘焙技巧。

### 快或慢？浅或深？

简言之，咖啡的烘焙指的是咖啡豆最后的颜色烘到多深（浅焙或深焙）、要花多长时间（快炒或慢炒）。轻描淡写地说某种咖啡是浅焙的，这样不够，因为这种咖啡可能是快炒也可能是慢炒，不同的烘焙速度会带来截然不同的风味表现，尽管咖啡豆的颜色看上去十分相近。

咖啡在烘焙时会发生一系列不同的化学反应，其中许多反应会让其重量减少，当然也会造成水分流失。慢炒（14~20分钟完成烘焙）会有较高的失重比（约16%~18%），快炒最快可以在90秒内完成，对一杯相对昂贵的咖啡而言，慢炒的方式会呈现出更好的风味。

在烘焙过程中，三个决定咖啡最终风味的要素必须控制得当：酸味、甜味和苦味。一般而言，总体烘焙时间越久，最后留下的酸味就越少，相反，苦味则随烘焙时间的增加而增强，越深焙的咖啡会越苦。

甜味的发展呈现钟形曲线状，介于酸味与苦味高峰之间，好的咖啡烘焙商知道如何让咖啡豆达到每个烘焙度中的甜度峰值。但无论使用酸甜程度皆强的烘法，还是甜度极高、酸度相对较弱的烘法，如果你使用的咖啡豆质量差，调整烘焙手法可能也无济于事。

对页图：烘焙的过程会影响酸味、甜味及苦味的变化，烘焙师会小心运用火候及时间分配等手段来控制，让三个要素达到平衡状态。

烘焙时有许多关键阶段，所谓的不同烘焙模式（roast profile），就是看一份
咖啡豆用多快的速度经历各个阶段。许多烘焙者会仔细写下每次烘焙的记录，
让每一次烘焙能够在温度与时间误差极小的情况下得以重现。

### 第一阶段：去除水分

咖啡生豆含有 7%~11% 的水分，均匀分布于整颗咖啡豆
紧密的结构中，水分较多时，咖啡豆不会变成褐色。这与制作
料理时让食物褐化的道理一样。

将咖啡生豆倒入烘豆机之后，需要一些时间让咖啡豆吸
收足够的热量，以蒸发多余的水分，因此这个阶段需要大量的
热能。开始的几分钟内，咖啡豆的外观及气味不会有什么显
著变化。

### 第二阶段：转黄

多余的水分被带出咖啡豆后，褐化反应的第一阶段就开
始了。咖啡豆在这个阶段结构仍然非常紧实，且带有类似印
度香米及烤面包般的香气。很快，咖啡豆开始膨胀，表层的银
皮开始脱落，被烘豆机的抽风装置排到银皮收集桶中，桶内的
银皮会被清除并移至别处，避免造成火灾。

前两个阶段非常重要：假如咖啡生豆的水分没有适当地被
去除，咖啡豆在之后的烘焙阶段就无法实现均匀烘焙。即使咖
啡豆的外表看起来无碍，内部却可能没有熟透，冲煮后的风味
令人十分不悦，会带有咖啡豆表面的苦味，以及豆芯未完全发
展的尖锐酸味和青草味。经过这个阶段之后，即使放慢烘焙的
速度也难以挽救，因为同一颗豆子不同部分的发展速率不同。

### 第三阶段：第一爆

褐化反应加速时，咖啡豆内开始产生大量的气体（大部分
是二氧化碳）及水蒸气。当内部的压力增加太多时，咖啡豆开
始爆裂，发出清脆的声响，同时膨胀至将近两倍大小。这时我
们熟知的咖啡风味开始发展，烘豆师可以自行选择何时结束
烘焙。

烘豆师会发现，如果使用相同的火力，温度上升的速度会
减缓，如果热能过低，可能导致烘焙温度停滞，造成咖啡风味
迟钝。

### 第四阶段：风味发展阶段

第一爆结束后，咖啡豆的表面看上去会较为平滑，但仍有
少许皱褶。这个阶段决定了咖啡最终上色的深度及烘焙的实
际深度，烘豆师须拿捏熟豆产品最后要呈现的酸味与苦味，烘
得越久，苦味越强。

### 第五阶段：第二爆

到这个阶段，咖啡豆再次出现爆裂声，不过声音较细微且
更密集。咖啡豆一旦烘焙到第二爆，内部的油脂会更容易被
带到豆表，大部分的酸味会消退，并产生一种新的风味，通常
称为"烘焙味"。这种风味不会因为豆子的种类不同而存在差
异，因为其成因是炭化或焦化的作用，而非来自内部固有的风
味成分。

将咖啡豆烘到比第二爆阶段更深的程度是很危险的，有
时可能会导致火灾，在使用大型商用烘豆机时更需注意。

咖啡烘焙领域中有"法式烘焙"及"意式烘焙"等烘焙深
度，都指烘焙到非常深的咖啡豆，有典型的高浓郁度、强烈的
苦味，但大多数豆子自身的个性会消失。即便许多人喜欢重
度烘焙的咖啡风味，但如果你想认识来自不同产地的高品质
咖啡的风味及其个性，建议不要选择重度烘焙的豆子。

**生豆**

含水率10%~12%，完全没有任何风味，结构非常紧密、坚硬。

**第一爆前**

此时的咖啡豆呈现褐色状态，但是尝起来有尖锐的酸味及植物般的风味。

**去除水分**

水分开始蒸发，但尚未开始发展出风味及香气。

**第一爆**

此时咖啡豆因内部持续累积的气体压力而开始爆裂并膨胀。

**转黄**

咖啡豆开始进入烘焙阶段，此时豆子闻起来像印度香米。

**风味发展**

此时的咖啡风味尝起来比较像咖啡了，但仍需更多时间发展出甜味及其他理想的风味。

**转黄**

大部分的水分已去除，豆表开始呈现浅褐色。

**风味发展**

此时的咖啡外观看起来更平滑，香气变得更令人愉悦。

**转黄**

除了看起来偏褐色，此时的咖啡豆闻起来较像烤面包，而相对没有咖啡味。

**风味完全发展**

一支咖啡豆要烘焙到哪种程度取决于烘豆师的想法，对许多烘豆师而言，这个阶段通常是风味已经完全发展的阶段了，不过仍有少数烘豆师会烘得更深一些。

ETUDES
Prises dans le bas Peuple
ou
les Cris de Paris
Cinquieme Suite
1746
Avec Priv. du Rey.
Paris chez Fessard rue de la Harpe vis a vis la rue Serpente.

Bouchardon inv.

Caffé Caffé

Gravé à l'eau-forte par C. S. et terminé au burin par Et. Fessard.

## 咖啡内的糖分

许多人在描述咖啡风味时会提到甜味，理解在烘焙时到底发生了什么才会产生这些天然的糖分是十分重要的。

咖啡生豆内含一定量的单糖成分，虽然并非所有糖类都有甜味，但这些单糖通常都带甜味，在咖啡烘焙温度的催化下很容易发生反应。一旦咖啡豆内的大部分水分蒸发后，糖类就会与热量开始发生不同的反应，有些会产生焦糖化的作用，使某些咖啡豆出现焦糖似的调性。要特别提到的是，焦糖化之后的糖类甜度会降低，最终转变为苦味的来源之一；另外，有些糖类会与咖啡豆内的蛋白质相互作用，产生所谓的美拉德反应（Maillard reactions），这种反应也包括肉类在烤箱内转变成褐色的现象以及烘焙可可豆时的变色现象。

当咖啡经过第一爆的阶段后，单糖几乎完全不存在了，它们可能都参与了各种不同的化学反应，最后转变成更多不同类型的咖啡芳香化合物。

## 咖啡内的酸成分

咖啡豆有许多种酸味，有些尝起来讨喜，有些则不怎么美味。对烘豆师而言，最重要的一种酸是绿原酸（chlorogenic acids，简称CGAs）。烘焙咖啡时，一个重点目标就是完全去除不够美味的酸，同时避免制造出更多负面的风味因子，而保留更多讨喜的芳香成分。另外，有些酸在烘焙之后仍会保持稳定的状态，例如奎宁酸（quinic acid），它会增添讨喜、干净的咖啡风味质感。

## 咖啡内的芳香化合物

大多数咖啡的香气来自咖啡烘焙时的三大反应：美拉德反应、焦糖化反应及斯特雷克降解反应（Strecker degradation，另一种与氨基酸有关的反应）。这些反应在咖啡烘焙时因受热而催化，最后产生超过800种不同

的易挥发性芳香化合物（aromatic compound），这就是咖啡风味的来源。

虽然咖啡的芳香化合物的种类在记录上比葡萄酒多得多，但同一种咖啡豆仅拥有一部分芳香化合物。许多人欲以人工方式合成近似新鲜烘焙的真实咖啡的香气，最后只能以失败收场。

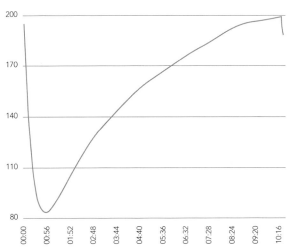

上图：烘焙模式图解。烘豆师在烘焙咖啡时会追踪不同时间点的温度变化，借由控制升温的快慢来改变咖啡豆最后的风味表现。

## 冷却咖啡豆

烘焙完成之后，必须快速将咖啡豆冷却，以免过度烘焙或是让咖啡豆发展出负面风味，如焙烤味（baked）。小批量的烘豆机会使用冷却盘进行抽风降温；大批量的烘豆机无法单靠空气冷却咖啡豆，必须搭配雾化的水汽，水汽遇热蒸发后就能快速带走热能。操作得宜时不会导致负面风味；但如果操作不慎，咖啡豆老化的速度会略微加快。不幸的是，许多公司使用这种冷却方式时都加入了过多水雾，因为他们想通过增加熟豆的重量来增加收入，这不但不道德，也对咖啡的质量产生了非常不好的影响。

## 咖啡烘豆机的种类

在即将售卖前，咖啡豆才会被烘焙，因为生豆的状态比熟豆稳定，而在烘焙之后，熟豆的最佳赏味期是一个月内。烘豆的方法有很多，人们最常使用的咖啡烘豆机有两种：鼓式／滚筒式（drum）烘豆机和热风式（hot-air）／浮风床式（fluid-bed）烘豆机。

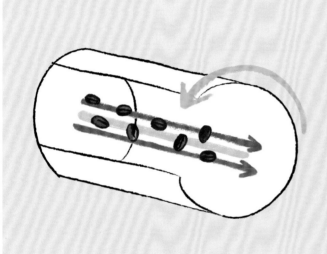

### 鼓式／滚筒式烘豆机（Drum Roasters）

大约在20世纪初发明的烘豆机，在追求极致工艺的烘豆师中非常受欢迎，因为这种烘豆机可以缓慢地烘焙咖啡豆。它的原理主要是将一个金属滚筒放置在火源上加热，同时将咖啡豆在滚筒内不停翻转，目的是得到均匀的烘焙效果。

这种烘豆机可以通过控制燃气流量改变加热火力的强弱，也可以控制滚筒内部的空气流动量，由此支配传导到咖啡豆上的热能效率。

鼓式／滚筒式烘豆机有许多不同的尺寸，最大的机型一次可以烘焙500千克（约1 100磅）的咖啡豆。

### 浮风床式烘豆机（Fluid-Bed Roasters）

20世纪70年代由迈克尔·施维兹（Michael Sivetz）发明。浮风床式烘豆机靠喷射式热气流翻搅并加热咖啡豆，比起鼓式／滚筒式烘豆机，浮风床式烘豆机的总体烘焙时间相对短很多，因此烘焙的咖啡豆会膨胀得大一点。较大的气流量有助于热力更快速地传导至咖啡豆的内部，因此可以较快完成烘焙。

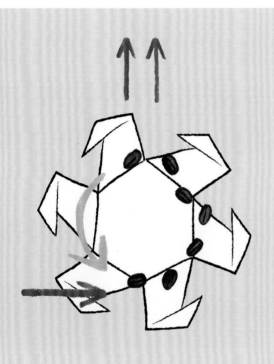

## 切线式烘豆机（Tangential Roasters）

由 Probat 公司制造。切线式烘豆机与鼓式／滚筒式烘豆机非常类似，差别在于这种烘豆机的内部具备铲子般的搅拌叶片，咖啡豆在加热期间能被均匀混合，烘焙较大量的咖啡豆时会更有效率。这种烘豆机的最大烘豆量与鼓式／滚筒式烘豆机差不多，却能更快速地完成烘焙。

## 球式离心力烘豆机（Centrifugal Roasters）

此种结构的烘豆机能在令人难以置信的短时间内烘焙量非常大的咖啡豆。使用时要将咖啡豆置入球形锅内一个巨大的圆锥体容器里，在加热的同时，借由球形锅的持续滚动，咖啡豆也会持续翻滚而变换位置，最快可以在90秒完成一个批次的烘焙。

烘焙速度越快，咖啡的失重比就越小，能被萃取的咖啡豆的重量就增加了，这对制造速溶咖啡的从业者来说十分重要，但以这么快的速度完成烘焙，通常不是为了烘出最好的品质。

# 采购与保存咖啡豆
## Buying and Storing Coffee

没有任何万全的措施能确保你每次选购咖啡豆时，一定可以得到品质很棒的咖啡。但有几个重点必须牢记：何时烘焙出炉？去哪家店买？如何保存买回家的豆子？这样就能提高每次都享用到好咖啡的概率。

大多数人会在超市之类的地方选购咖啡豆，但笔者建议你尽量避免。除超市售卖的咖啡豆新鲜度存疑之外，尚有许多其他原因（详见第64页），其中最重要的原因大概是超市里找不到那种在专卖店里才有的纯粹喜悦。在一家小小的咖啡店里，你可能有机会遇见对咖啡有高度热忱并且拥有丰富咖啡知识的人士，在选择你要的咖啡豆之前得到一些专业建议是很有帮助的，有时在你掏腰包购买之前，还能先试喝。有专业人士提供服务时，买到一包你真正喜欢的咖啡豆的概率会更高，特别是当你能告知他们你喜欢哪一种咖啡豆的时候。

## 浓郁度指标

在超市选购咖啡豆时，经常可以见到包装袋的侧面有浓郁度指标（strength guide），这与浓度（你冲泡一杯咖啡得用多少咖啡豆）无关，它主要是指你可以在这包咖啡豆中尝到多厚重的苦味。浓郁度指标通常与烘焙深度直接相关，浅烘焙的咖啡通常浓郁度指标较低，深烘焙的则较高。笔者会尽量避免选择袋子上有浓郁度指标的咖啡豆，因为它们通常由较不注重质量与风味表现的烘豆商制造，即使存在一些例外。

## 来源可追溯性／产地履历

世界上有成千上万的咖啡烘焙商，也有难以计数的咖啡豆庄园及烘焙方式，每一包咖啡都有不同的定价，各厂商的营销方式也容易造成混淆。本书的目标是阐释咖啡从何而来，同时带领读者了解产地与咖啡风味之间存在怎样的关联以及为何存在关联，笔者能给出的最佳解答是：请尽可能选购来源资料清晰的咖啡豆。

大多数情况下，你可以找到咖啡豆是哪个庄园或哪个合作社制作的信息，但这样详尽的产地履历并非每个咖啡生产国都能提供。在不同的生产国里，咖啡豆交易的每个环节存在不同程度的来源可追溯性。拉丁美洲的生产国绝大多数都能提供如庄园名称这样详

上图：一杯最优质咖啡来自精挑细选过的咖啡豆。到咖啡专卖店里选购新鲜烘焙的咖啡豆时，店员应该能告知其产地信息。

尽的产地履历资料，因为这些咖啡豆都是在小规模的私有土地上种植的；在其他地区，即使是小规模的私有土地都不常见，有时也会因某些国家贸易规则限制上的干扰，咖啡豆在出口时就已失去若干履历信息。

使一个批次的咖啡豆在整个咖啡供应链中保存完整的产地履历数据会增加咖啡豆的成本，而只有当咖啡豆以较高价格成交时，这样的投入才能得到回报。这意味着只有高质量的咖啡才值得投资产地履历系统，而追溯低质量的咖啡履历则会削弱其在市场上的竞争力。在一个处处存在道德考量，又有剥削第三世界国家刻板印象的产业中，能够明确知道一批咖啡豆到底从何而来是非常有力的信息。拜信息科技发展所赐，尤其是社交媒体的兴起，现在我们可以发现，咖啡生产者与终端消费者之间有更多密切且频繁的互动。

## 新鲜咖啡的黄金法则

所有人都认同新鲜烘焙的咖啡比较好，以下是笔者的建议：

1. 选购包装袋上标示有烘焙日期的咖啡豆。
2. 试着只买烘焙后两周内的咖啡豆。
3. 一次只买两周内能喝完的量。
4. 只买未研磨的原豆，再回家自己磨。

## 在家存放咖啡豆

咖啡豆一旦开始老化就很难停止，只要你购买的是新鲜的咖啡豆，并且以相对较快的速度喝完，杯中风味受到的影响就比较小。以下几种方法可以让你在家里尽可能妥善地保存咖啡豆：

1. 与空气隔绝：假如包装袋可以重复封口，请确定每次使用后都已重新封紧。假如没办法完全密封，请改装到与空气隔绝的容器，像密封罐或特别设计用来存放咖啡的容器。

2. 存放在阴凉处：光线会加速老化，特别是太阳光，如果你将咖啡存放在透明容器内，就应将整个容器放到不透光的硬纸盒内。

3. 不要放进冰箱：这是一般人常有的举动，但并不能延长咖啡豆的寿命，而且可能让咖啡豆沾染冰箱内其他食物的气味。

4. 保持干燥：如果无法让咖啡豆保存在与空气隔绝的容器内，至少也要把它放在不潮湿的环境中。

要长时间保存咖啡豆，你可以考虑将它放进冷冻库，这样会延缓老化的作用，但必须先将整个包装放进与空气隔绝的密封容器内。再度使用这份咖啡豆时，你必须在打开密封容器之前彻底解冻，但一次只需解冻你需要的数量。

上图：咖啡豆存放在与空气隔绝的容器里，摆在干燥阴凉的环境中，保存的时间最久。

## 新鲜度

在过去，大多数人并不将咖啡豆当作生鲜食品保存，因为有些人脑子里的咖啡就是速溶咖啡，所以不曾意识到老化的问题。超市售卖的咖啡豆包装袋上标示的有效期限通常是烘焙日期后的12~24个月内。因此咖啡豆被认为是耐储存的食品，即使在生产日期后的两年内饮用都算安全，但如果真的存放那么久，咖啡尝起来就十分恐怖了。此外，对售卖者而言，不将咖啡豆当生鲜食品看待，可以让他们的工作更轻松，但对消费者来说这却不是好消息。

至于咖啡豆到底多久后会老化，精品咖啡产业并没有提供正确的观念，也没有让大家知道咖啡豆过多久会超过保存期限。

我建议：购买咖啡时，请确认包装袋上有清楚的烘焙日期。许多咖啡烘焙商建议消费者购买从烘焙日期开始一个月内的咖啡豆，这也是我的建议。咖啡豆在烘焙后的前几周个性最鲜活，之后，令人十分不悦的老化味道便开始出现。许多咖啡专卖店都会存放一些刚烘焙好的咖啡豆，想确保咖啡豆送到你家时还是新鲜状态，可以尝试直接向咖啡烘焙商网络订购。

## 老化作用

咖啡豆老化时会发生两种现象：首先，咖啡豆会缓慢、不断地流失芳香化合物成分。芳香化合物是咖啡的香气与风味的来源，有着高度挥发性。因此咖啡豆放得越久，化合物流失越多，咖啡尝起来就越无趣。

第二种现象是氧化及受潮的老化现象，这类现象通常会发展出不太好的新味道。一旦咖啡尝起来有明显的老化味道时，原有的个性很可能都已经消失了。老化的咖啡通常尝起来很平淡，带有木头味及纸板味。

咖啡豆烘焙得越深，老化速度就越快，因为烘焙时咖啡豆会产生很多小孔，让氧分子及湿气更容易渗入咖啡豆，老化作用也同时开始。

## 让咖啡"静置"

在包装袋上，经常可以看到制造者建议在冲煮之前让咖啡豆"静置"一段时间，这又造成了更多混淆。

咖啡豆烘焙后转变成褐色时发生的一连串化学反应会制造出大量二氧化碳，大多数气体仍存留于咖啡豆内部，并随时间缓慢释放。烘焙后的最初几天，咖啡豆的排气作用会非常旺盛，之后又趋缓。在咖啡粉上倒入热水会让气体快速释放，所以煮咖啡时我们可以见到许多小泡泡。

意式咖啡是用高压萃取的方式冲煮，当咖啡豆里仍有许多二氧化碳时，冲煮程序会产生困难，因为二氧化碳会阻隔风味成分的萃取。许多咖啡馆会在使用咖啡豆之前让咖啡排气5~20天不等，有助于保证萃取时的稳定性。

在家冲煮时，我建议可以在包装袋上故意留下一个洞，放置3~4天，但如果放置太久，在你用完这包咖啡之前，老化作用也许就已开始。滤泡式冲煮法相对不需要让咖啡豆休眠，但是我认为在烘焙后的第二到第三天冲煮，咖啡尝起来会比刚烘完时美味许多。

## 包装咖啡豆

咖啡烘焙商主要有三种包装的咖啡豆可供选择，考虑因素如下：保存咖啡的能力，对环境的影响，成本考虑，包装的美观性也是重点。

### 未密封的精致包装袋

咖啡豆仅装进内层有防油脂渗漏的精致纸袋中，虽然袋口可以卷起来，但咖啡豆仍然暴露在会氧化的环境下，老化速度依然很快。许多使用这种包装袋的咖啡烘焙商都宣称咖啡豆新鲜度的重要性，通常会建议将产品在7~10天内饮用完毕。零售咖啡豆产品时，他们必须时常确认架上的商品都是最新鲜的，但有时难以避免浪费。这类包装袋有些可以回收，对环境的影响最小。

透气阀

上图：三层式铝箔袋在精品咖啡产业里最常见，在打开包装之前能减缓老化作用。

### 密封铝箔包装袋

三层式铝箔包装袋在装入咖啡豆之后会被立刻密封，以防止空气进入，同时有个单向的透气阀让内部的二氧化碳可以排出。在这样的包装袋内，咖啡不太容易老化，然而一旦打开，老化的速度就会加快。目前这种包装袋尚无法回收，却是许多精品咖啡业者的首选，因为它同时兼顾了低成本、较低的环境影响以及保持新鲜度的能力。

### 充气式密封铝箔包装

与前者一样是铝箔材质，但密封过程中会用机器灌进氮气之类的气体，以排除袋内所有氧气。因为氧气是造成老化的主因，这种包装方式能达到防止老化的最佳效果，虽然开袋之后老化程序一样会启动。

这是保存咖啡豆最有效的办法，但会增加额外的成本支出，设备、处理时间以及惰性气体等都会造成支出，所以较少有人采用。

# 咖啡的品尝和
# 风味描述
# Tasting and Describing
# Coffee

饮用咖啡是我们每天的重要仪式，每天早晨我们要做的第一件事就是喝杯咖啡，工作休息时也要来一杯。这些时候我们的注意力也许投注在同伴身上，或专注于报纸内容，很少有人会真正专注于品尝咖啡的味道。但是，一旦开始注意到咖啡的风味，人们很快就会进入品鉴阶段。

所谓的品尝发生在两个地方：一是我们的口腔，另一处是鼻腔；要学习品尝、讨论咖啡，最好将这两处分开。第一部分要讨论的是舌头可以感受到的基本味觉：酸、甜、苦、咸以及美味（savouriness）。读到关于一种咖啡的描述时，我们可能会被描述风味的方式所吸引，如巧克力味、莓果味或焦糖味，这些风味通常指气味，并不发生在口腔内，而是在鼻腔中。

大多数人常会将嗅觉与味觉经验搞混，因为真的要区分味觉及嗅觉，的确极度困难。与其把这样极其复杂的品尝经验一次搞懂，我建议，不如尝试长时间专注于嗅觉或味觉的感受，事情就变得简单多了。

### 专业品尝家

在咖啡产业中，一包咖啡豆在抵达终端消费者之前会在旅程中被品鉴许多次。在每一次品鉴中，品尝家可能会各自寻找偏好不同的风味。在早期阶段他们会寻找瑕疵风味，之后的采购阶段由烘豆师进行品鉴，有

咖啡品尝家会将品鉴记录写在一张计分表上，不同的生豆精制处理法会使用不同的格式，但所有格式的评分项目都一样：

## 甜味

这种咖啡豆有多少甜味？甜味是咖啡中一个十分讨喜的特点，当然越多越好。

## 酸味

这种咖啡豆有多少酸味？酸味讨喜吗？假如酸味令人不悦的成分居多，就会被形容为臭酸（sour），讨喜的酸味则尝起来有爽快、多汁的感觉。

对咖啡品鉴的初学者而言，酸味是较难的项目，他们可能从未想到咖啡里有那么多的酸味，当然在过去也不认为酸味是正面的风味。苹果是个不错的范例，苹果中的酸味非常美好，可以增加清新的质感。

许多专业人士偏好酸度高的咖啡，就像啤酒爱好者最后可能都会偏好啤酒花特性明显的啤酒，这可能导致从业人员与最终消费者之间的认知差异。就咖啡产业来说，一些较不寻常的风味比如说水果调性，其来源取决于咖啡豆本身的密度大小，一般而言，密度高的咖啡酸度高，同时也具备许多有趣的风味。

## 口感

这支咖啡是否有清淡、细致、像茶一般的口感？或是有丰厚、鲜奶油般、厚实的特质？再次强调，不是每种风味越多就越好，低质量的咖啡豆时常有厚实的口感，同时酸度较低，但通常都很难喝。

## 均衡性

这是品鉴时最难以定义的特质，在一口咖啡中会出现非常多不同的风味，但这些风味是否和谐？是否像一首创作完美的乐曲？还是有个元素太过突出？是否有某项特质太过强烈？

## 风味

这个项目不只描述一种咖啡里的各种风味及香气，品评者是否喜欢这杯咖啡的表现也是要考虑的因素。许多咖啡品鉴的初学者在这方面时常感到挫败，他们品尝到的每一款咖啡豆显然都不一样，却无法有足够的词语来形容。

对页图：咖啡的风味受到产地条件、精制处理方式及烘焙的影响，形成了各自不同的独特个性。
下图：专业品尝家会使用的计分表，对品鉴的咖啡的各项特质打分。

| NAME 名字 | # | DATE 日期 | Rnd 1 2 3 | Sn 1 2 3 4 5 | TLB# | Country 国家 |
|---|---|---|---|---|---|---|

| | ROAST 烘焙 COLOUR 颜色 | AROMA 芳香 DRY CRUST BREAK | DEFECTS 瑕疵 # x i x 4 = score | CLEAN CUP 干净度 0 4 6 7 8 | SWEET 甜度 0 4 6 7 8 | ACIDITY 酸度 0 4 6 7 8 | MOUTH FEEL 口感 0 4 6 7 8 | FLAVOUR 风味 0 4 6 7 8 | AFTER TASTE 余味 0 4 6 7 8 | BALANCE 平衡 0 4 6 7 8 | OVERALL 总体 0 4 6 7 8 | TOTAL 总分 (+36) |
|---|---|---|---|---|---|---|---|---|---|---|---|---|
| 1. | | | | | | | | | | | | |
| 2. | | | | | | | | | | | | |
| 3. | | | | | | | | | | | | |
| 4. | | | | | | | | | | | | |
| 5. | | | | | | | | | | | | |

时一批咖啡也可能会在拍卖会中由评审会品尝，以评选出来自特定厂区的最佳批次。在此之后，为了确保烘焙质量无虞，烘豆师会再次品鉴，确保一切都被正确地执行。再来则由咖啡馆老板品鉴，以决定进货的名单。最后才会轮到最终消费者去品尝与享受。

咖啡产业使用的标准品鉴方式称为"杯测"（cupping），其用意主要是避免冲煮过程中的失误可能造成的风味差异，并尽可能让所有咖啡都在相同的条件下接受品评。为达到这个目的，杯测仅使用非常简单的冲煮流程，因为假如冲煮不到位，咖啡的风味可能发生戏剧性的改变。

杯测就是将固定分量的咖啡粉倒入每个杯测碗中，将咖啡粉以相同的研磨刻度磨出，然后将固定分量、刚刚煮到沸腾的热水倒入杯测碗里。举例来说，12克的咖啡粉必须加入200毫升的热水，之后继续浸泡约4分钟。

在杯测的最后步骤，需要搅散漂浮在杯测碗中的咖啡粉层（crust），让大部分已完成萃取的咖啡粉沉到杯测碗底部，漂浮在表面的咖啡粉或泡沫会被捞除，之后便可以开始品鉴咖啡。

当咖啡冷却到安全的温度时，品鉴开始。咖啡品尝师用一支汤匙捞起一小勺，用力从汤匙里将咖啡啜吸至口腔。啜吸的动作可让咖啡汁液雾化，让咖啡布满味蕾，这样的动作虽不是绝对必要，但可让品尝变得相对简单。

## 如何在家品鉴

相较于一般消费者，专业咖啡品尝家如何用如此快速的方式进行自我训练？其实他们并不使用杯测碗或杯测匙来训练，平时也不会使用计分表，而且不一定有关于每种咖啡豆的详细资料。自我训练是通过日常的比较式品评机会来实现的，借由不断的专注且有意识的品鉴过程，咖啡品尝家可增加一项隐性优势。即使在家，也可以轻松地独自练习。

1. 选购两款非常不同的咖啡豆，请教当地的咖啡烘焙商或咖啡专卖店是个好主意。比较式品评是非常重要的一种方法，假如一次只品鉴一种咖啡，你就没有任何比较的依据，此时的所有论述都只能依靠先前的品尝记忆：片段化、有缺陷且不准确。

2. 购买两个小号的法式滤压壶（详见第78页），越小越好，同时冲泡两小杯咖啡。当然也可以用较大的法式滤压壶和大杯子，但会造成浪费或是过量。

3. 让咖啡稍稍冷却，在较低的温度下比较容易察觉风味，温度很高时味蕾会比较迟钝。

4. 开始交互品尝两种咖啡，在品鉴每种咖啡时，至少要啜吸两口，之后再品鉴下一种。开始思考两种咖啡尝起来有何不同，假如缺乏参考资料，这个步骤会极其困难。

5. 首先专注在质感上，比较两种咖啡的口感，其中一种是否有较高的厚实感？有较多甜味？有较干净的酸味？品鉴时，试着不要看包装袋上的风味描述，自己想象一些风味词语，并记录下来。

6. 不用担心到底喝到了哪些味道，风味描述是咖啡品鉴里最吓人的一个部分，也最令人沮丧。烘豆师在描述风味时，不只是形容风味，比如说坚果味（nutty）或花香（floral），也会涵盖很广泛的感官词语，例如烘豆师会形容咖啡里有成熟苹果的调性，这会让你了解甜味与酸味同时存在的意味。假如你具备指认各种风味的能力，将这些味道记录下来；反之也不用过度操心，任何想到可以用来描述风味的词语其实都派得上用场，不论是否与味道有关。

7. 结束品鉴时，比较你记录的文字与包装袋上烘焙商描述的风味，现在你是否能够看懂他们尝试表达的味道了？通常到这个时候，你之前的挫折感会同时消失，一切在瞬间变得如此明白，这个方式其实就是建立咖啡专业风味词汇的方法之一，要描述咖啡的风味变得越来越简单，不过如何描述得更完整，则是从业人员持续努力的目标。

**下图:** 咖啡品鉴技巧可以通过比较式品鉴进行自我训练，选择两种不同的咖啡进行冲泡，之后试着比较质感、口味、酸度及风味。

# 咖啡的研磨
## Grinding Coffee

新鲜研磨的咖啡粉的气味令人精神抖擞、陶醉又难以形容，有时单单为了闻到咖啡粉的气味就值得买一台磨豆机。相较于购买预先研磨好的咖啡粉，在家研磨咖啡豆会给你饮用的咖啡带来巨大的改变！

研磨咖啡的目的是让咖啡豆在冲煮之前产生足够的表面积，以便萃取出封存于咖啡豆内的成分，进而煮出一杯好咖啡。拿未研磨的原豆冲煮，得到的会是一杯非常稀薄的咖啡水，咖啡豆磨得越细，理论上就会有更大的表面积，可以用更快的速度煮出咖啡的味道，因为水有更多机会带出咖啡的风味因子。

这个原则很重要，尤其在你根据不同的冲煮方式决定咖啡粉研磨的粗细程度的时候。事实上，咖啡粉的粗细与冲煮时间的长短相对应，因此研磨颗粒的一致性十分重要。最后，研磨会让咖啡暴露在空气中的表面积增加，这意味着咖啡的老化作用会加快（见第64页），因此最理想的研磨时机是冲煮前的一刻。这里介绍两种主要的家用磨豆机：

### 螺旋桨式刀片研磨机

这种电动研磨机十分常见，价格也不贵，机器构造是在电动马达上连接一组金属刀片，借由旋转力量击碎咖啡豆。这种研磨机最大的问题是在击碎咖啡豆的过程中会同时产生极细的粉末与极粗的颗粒，用这样的咖啡粉冲泡时，最粗的颗粒会释出令人不悦的臭酸味，极细的粉末则会快速增加咖啡的苦味，这样萃取不均匀的咖啡实在难以下咽。

### 磨盘式磨豆机

这种形式的磨豆机越来越常见，有电动或手动的版

上图: 磨盘式磨豆机能将咖啡豆切割成大小较均匀的颗粒，且可调整粗细程度，想在家煮出好咖啡，磨盘式磨豆机是不错的选择。

本。磨盘式磨豆机有两个面对面的切割盘（burr），通过调整切割盘的间距，可以调整研磨的粗细。当咖啡豆被切割成符合此间距的大小时，咖啡粉才能通过研磨室。这种磨豆机研磨出的咖啡粉颗粒更均匀，同时可以调整粗细，对煮一杯好咖啡来说相当有帮助。

磨盘式磨豆机比螺旋桨刀片研磨机贵一些，不过手动版相对便宜，也很容易操作。如果你很喜欢咖啡，这项投资是无法以价格衡量的，特别是在你要做一杯意式浓缩咖啡的时候。因为冲煮意式浓缩咖啡时，颗粒的大小十分重要，即使数百分之一毫米的粗细差异也会造成影响。选购一台特别为意式浓缩咖啡设计的专用磨豆机十分重要，它的强力马达足以磨出冲煮意式浓缩咖啡所需的极细颗粒。有些磨豆机可以同时研磨滤泡式咖啡粉及意式浓缩咖啡粉，不过大部分机器只能应付其中一种。

上图：左图为螺旋桨式刀片研磨机磨出的咖啡粉，颗粒较不均匀，煮出的咖啡较不美味；右图为磨盘式磨豆机，通常有两个切割盘，磨出的咖啡粉可以煮出较美味的咖啡。

不同的机器制造商会使用不同的材质制造切割盘（又称磨盘），比如钢或陶瓷。使用一段时间后，磨盘上的刻痕会变钝，此时磨豆机不是以切割的方式磨豆子，而像在压碾，这样会制造出许多极细的粉末，让咖啡尝起来乏味又苦涩。请遵循机器制造商的建议，在指定的时间更换磨盘，全新的磨盘是一项很小却很值得的投资。

许多喜爱咖啡的人常想升级设备，我强烈建议优先升级你的磨豆机，较高价的磨豆机通常有较佳的马达及磨盘，能制造出更一致的研磨颗粒。使用一台高端磨豆机，搭配一台小型家用意式浓缩咖啡机，你就可以煮出一杯更好的咖啡；使用廉价的磨豆机，即使搭配市面上顶级的商用意式浓缩咖啡机，也依旧煮不出好咖啡。

## 密度与研磨粗细

很不幸的是，磨豆机并不能将咖啡豆磨成同样的大小，深烘焙的咖啡豆质较脆，因此必须将刻度调粗一些。

同样，要研磨较高海拔产地的咖啡豆，举例来说，当你从平常习惯饮用的巴西咖啡豆转换到肯尼亚咖啡豆时，可能就需要把研磨刻度调细。只要照这个方式调整几次，每当换成不同的咖啡豆时，你就能轻松猜出该怎么调整刻度，同时避免将咖啡煮坏。

## 研磨粗细

找到对应的研磨粗细的程度不是一件简单的任务，单单使用"粗"（coarse）、"中等"（medium）、"细"（fine）这些词语并没有多大帮助，因为这都是相对的，不同的机器制造商对研磨的粗细有不同的设定。将其中一个型号的磨豆机设定在5号粗细度时，拿到另一台上不见得会磨出相同的粗细程度，即使同一型号也一样。

下图可见不同研磨程度的实际咖啡颗粒照片，只要每个早晨多做点实验，很快你就可以煮出比以前好喝许多的咖啡了。

极细　　　　细　　　　中等　　　　粗

# 冲煮用水
# Water for Brewing

在冲煮过程中，要煮出一杯好咖啡，水扮演着至关重要的角色。也许你会觉得下方的建议有些过头，但对水多一点认识会带来相当大的回报。

如果你住在水质偏硬的区域，可以试着购买小瓶装的矿泉水来煮单杯咖啡，接着用相同的方式用自来水冲煮另一杯。不管你是经验丰富的咖啡品尝家还是初学者，只要比较过两者，基本都对咖啡质量的差异感到惊讶。

## 水的角色

水是一杯咖啡中的重要成分，在意式浓缩咖啡中，水占了大约90%，在滤泡式咖啡中，则占98.5%。如果用来冲泡咖啡的水不美味，咖啡也绝对不可能好喝。如果你能在水里尝出氯的味道，煮出来的咖啡味道会很恐怖。多数情况下，只要使用含有活性炭的滤水器［如碧然德（Brita）］，你就可以有效去除负面的味道，但可能还是没办法得到冲煮咖啡最完美的水质。

在冲煮过程中，水扮演着溶剂的角色，负责萃取出咖啡粉内的风味成分，因为水的硬度以及矿物质含量会影响咖啡的萃取效率，所以水质相当重要。

## 硬度

水的硬度是指水中含有多少水垢（碳酸钙）的数值，成因来自当地的岩床结构，将水加热会让水垢从水中透析，长期如此，粉笔般的白色物质就开始堆积。住在硬水质区的人时常有这样的困扰，比如热水壶、莲蓬头还有洗碗机都会堆积水垢。

水的硬度对热水与咖啡粉之间的交互作用有极大影响，硬水会改变咖啡粉内可溶出物质的比例，进而改变咖啡的化学成分比例。理想的水硬度较低，如果含量过高甚至极高，就不适合泡咖啡。高硬度的水泡出的咖啡缺乏层次感、甜味及复杂性，此外就实用的角度而言，使用任何一种需要加热水的咖啡机时，像是滤泡式咖啡机或意式浓缩咖啡机，软水是很重要的一项条件。机器内堆积的水垢会很快造成机器故障，因此许多制造商会考虑不向硬水地区提供保修服务。

右图: 用来冲泡咖啡的水质会影响味道，矿泉水很适合泡咖啡，过滤后的水则会改善咖啡的风味。

### 矿物质含量

除了要求水要好喝、硬度低，我们其实不希望水里含有太多其他的东西——除了相对含量很低的矿物质。矿泉水制造商会在瓶上列出不同矿物成分的含量，通常也会告诉你水中固体的总含量（total dissolved solids，简称TDS），或是在180℃时干燥残留物的数值。

### 完美的水质

下方表格（表2.1）是由美国精品咖啡协会（Specialty Coffee Association of America，简称SCAA）发表的冲煮咖啡时对完美水质的建议。想了解你所处区域的水质状态，可以寻求滤水设备公司的协助或上网搜寻资料，大多数滤水设备公司都必须在网络上公布他们的水质数据。如果找不到这样的信息，也可以去宠物店买一组水质检验工具（通常用于检测水族箱水质），应该足以给你提供关键元素的精确数值。

### 水要如何选择

前述各项信息也许令人眼花缭乱，但是可以归纳为如下内容：

· 假如你居住在水质中度偏软的地区，只需加上滤水器就可以改善水的味道。
· 假如你居住在水质偏硬的地区，目前最佳的解决方式是购买瓶装饮用水来煮咖啡，依照前述标准选购瓶装水，超市自有品牌的瓶装水通常比大品牌的矿物质含量更低。我不能在书中替瓶装水品牌打广告，只能建议：为了煮出咖啡最好的风味，你必须找到最适合冲煮的水质。

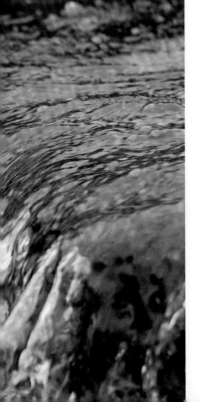

**表 2.1　冲煮咖啡的完美水质条件**

|  | 目标值 | 可接受范围 |
|---|---|---|
| 气味 | 干净、清新、无气味 | |
| 色泽 | 清澈 | |
| 总氯含量 | 0 mg/l | 0 mg/l |
| 180℃时水中总固体含量 | 150 mg/l | 75～250 mg/l |
| 硬度 | 4颗结晶或68 mg/l | 1~5颗结晶或17~85 mg/l |
| 总碱含量 | 40 mg/l | 40 mg/l 左右 |
| 酸碱值 | 7.0 | 6.5～7.5 |
| 钠含量 | 10 mg/l | 10 mg/l 左右 |

# 冲煮基础知识
## Brewing Basics

从作物转变为一杯咖啡的旅程中，最关键的阶段就是冲煮的过程。之前的所有努力、咖啡豆内的所有潜力及美味因子都可能因为错误的冲煮方式而毁于一旦。遗憾的是，要煮坏一杯咖啡真的很简单，但只要了解冲煮的基本原则，你就可以得到更好的结果，也更能享受到它的乐趣。

咖啡豆的主要成分是纤维素，跟木头很像。纤维素不溶于水，就是我们泡完咖啡之后会丢弃的咖啡渣。广义来说，除纤维素以外的物质基本都可溶于水，最终进入你手中的那杯咖啡里，但是并非所有可溶物质都是美味的。20世纪60年代起，为了测量到底应该萃取多少比例的物质才能得到一杯好咖啡，许多人持续在做相关研究。假如萃出的物质不够，咖啡会味道稀薄，且常带有臭酸与涩感，我们称为"萃取不足"（underextraction）；反之，萃出的物质过多，咖啡尝起来会带苦味、尖锐，并且有灰烬的味道，我们称为"过度萃取"（overextraction）。

要计算从咖啡粉中萃取出了多少物质是可能的，过去人们用一种相对简单的方式：冲煮前称咖啡粉的重量，冲煮后将咖啡渣放到炉火旁，烘到完全干燥后再称一次，两者的重量差就是咖啡萃取出的物质比例。现在有人发明了结合特殊的折射器与智能型手机的软件，可以很快计算出咖啡粉内物质萃取的比例。总的来说，一杯好咖啡是由咖啡粉内大约18%~22%的物质做出来的，实际的数字对大多数在家煮咖啡的人来说其实不那么重要，但了解如何调整不同的冲煮参数，对改善咖啡的质量很有帮助。

## 浓郁度

在谈论一杯咖啡时，"浓郁度"一词非常重要，同时也最常被误用。超市贩卖的咖啡在包装袋上时常可以见到这个词语，其实这样的用法不太恰当，这些厂商想表达的是这包咖啡的烘焙度以及它泡出的咖啡苦味有多强。

"浓郁度"一词用于描述咖啡风味时，理应像描述酒精类饮品时一样。一瓶标示4%浓郁度的啤酒，指的是酒精含量为4%，用相同的概念，一杯"浓郁"的咖啡应该指含有较高比例的可溶物质。

到底咖啡要多浓郁才是好的，这个问题见仁见智，没有对错。有两种方式可以控制咖啡的浓郁度，第一个也是最常采用的方式是改变水与粉的比例，使用越多的咖啡粉冲煮，就会得到越高的浓郁度。在冲煮咖啡的专业领域里，我们习惯用每升水使用多少克咖啡粉来描述咖啡的浓郁度，例如60 g/l，就表示你想使用500毫升水冲煮咖啡时，需要30克咖啡粉。

不同的地方对咖啡粉水比例的偏好也不同，从约40 g/l到巴西与斯堪的纳维亚半岛的100 g/l都会存在。通常只要找到自己喜欢的粉水比例，人们就会套用在其

对页图：如何在家煮出一杯好咖啡因人而异，但有个重要因素必须知道：水与咖啡粉的比例。

他冲煮方式上。我建议你可以从 60 g/l 的粉水比例开始尝试。在家冲泡咖啡的人想改变咖啡口味的浓淡时，通常会直接改变粉水比例，但这并不是最好的方式。

另一种改变口味浓淡的方法是改变萃取率。

把咖啡粉浸泡在法式滤压壶里时，热水会让咖啡粉中的成分慢慢释放出来，随着浸泡时间变长，咖啡就变得更浓郁了。这个方式最大的挑战是如何释放出更多咖啡粉内好的味道，并且在苦味及令人不悦的风味被萃出之前结束。当咖啡泡得不好喝时，许多人从没想过通过改变萃取率来改善风味，然而萃取一旦失误，必然会做出一杯令人失望的咖啡。

### 精确的测量标准

在咖啡冲煮的领域，一个小小的改变常会在口味上造成很大的冲击，其中最大的变因是使用了多少水，最重要的因素之一是如何稳定地冲出好的味道。将咖啡冲煮器放在秤上称量是个好主意，如此可以清楚地知道

倒入了多少热水，要记住 1 毫升水的重量等于 1 克。这个方式可以让你在冲泡时更好地掌控，并大大改善冲泡的质量及稳定性。一组简单的数字电子秤并不贵，许多人厨房里原本就会有一台电子秤。刚开始你可能会觉得这种方式似乎有点儿太狂热，但一旦开始使用，你就再也离不开它了。

### 牛奶？鲜奶油？糖？

许多对咖啡有兴趣的人都会注意到，咖啡产业工作者视牛奶和砂糖为一种禁忌。许多人认为这是势利眼的行为，而加不加奶或糖常常是咖啡从业人员与消费者之间争论的话题。

咖啡从业人员时常忘记一件事，大部分咖啡其实都需要搭配某些东西才更容易入口。不当烘焙或煮坏的廉价商业咖啡尝起来有令人难以置信的苦味，并且毫无甜味可言。牛奶或鲜奶油有阻隔苦味的功能，砂糖则令咖啡更容易入口。许多人因此习惯咖啡里有牛奶及砂糖的味道，即使拿到一杯仔细冲泡、有趣的咖啡时亦然。这一举动可能会让咖啡师、职业烘焙师或单纯热爱咖啡的人感到挫败。

好咖啡应有来自本身的甜味，牛奶能阻隔苦味，但也会抢走咖啡的风味与个性，掩盖咖啡生产者辛劳的结晶及微风土条件下产生的咖啡个性。我会建议在加入任何糖或奶之前先尝尝原味，如果黑咖啡状态的风味令你难以入口，再加入牛奶或砂糖。想探究咖啡的美好世界，必须从饮用黑咖啡开始，否则难以理解咖啡世界之美。将时间及精力投资在学习如何欣赏咖啡之美，必能让你得到极大的回报。

左图：一组数字电子秤对想泡出稳定的好咖啡的人而言，是相当值得的投资。
对页图：好咖啡应有来自本身的甜味，虽然加不加糖或奶是个人的喜好，但最好还是先尝一尝咖啡本身的味道。

# 法式滤压壶
## The French Press

法式滤压壶（French press）又叫煮咖啡用壶（cafetière）或咖啡活塞壶（coffee plunger），它或许是所有冲煮咖啡的方式中最被低估的一种煮法。它便宜、操作简单，并且很容易煮出稳定的咖啡，几乎每个人家里都会有一个。

虽然它被称为"法式"滤压壶，令人讶异的是，最为人熟知的法式滤压壶的版本是1929年由一名意大利人 Attilio Calimani 发明并取得专利的。不过早在1852年，类似的冲煮器材就由两名法国人取得专利了，他们是马耶尔（Mayer）和德法奇（Delforge）。

　　法式滤压壶是一种浸泡式器材，大部分冲煮方式是让水流通过咖啡粉，法式滤压壶则是让咖啡粉浸泡在水里，使萃取更具一致性。

　　法式滤压壶的另一独到之处是使用金属滤网过滤咖啡粉。金属滤网有相对较大的孔径，咖啡中许多不可溶的物质会留存在咖啡液里。这样的咖啡有较多的咖啡油脂，以及一些悬浮的细粉渣，尝起来更厚重、口感更扎实。缺点则是杯底有不少淤泥般的细粉渣，不小心喝进口里时，会有很令人不悦的沙沙的颗粒感。

　　对页介绍的冲煮方式是为冲泡一杯咖啡时得到最少量的细粉渣而设计的法式滤压咖啡煮法，只需要多做一点动作和更多的耐心，你就会得到一杯很棒的咖啡，让你轻松认识咖啡中所有独特的风味及个性。

**右图**: 使用法式滤压壶冲煮咖啡可以萃取得比较均匀，金属滤网让较小的颗粒在咖啡液里与水继续接触，进而泡出一杯口感饱满扎实的咖啡。

**粉水比例**：75 g/l。想得到近似于手冲咖啡般的浓郁度，我建议用比通常更高的粉水比例冲泡。

**研磨粗细**：中等（medium）/ 细砂糖般的粗细。许多人使用法式滤压壶时会把咖啡粉磨得很粗，但我不这么想，除非你使用的磨豆机会制造出非常多极细的粉末，而让咖啡很快变苦。

1. 咖啡豆称重，开始冲泡前再研磨。
2. 使用适合冲泡咖啡、矿物质含量低的新鲜饮用水，煮沸。
3. 将研磨后的咖啡粉倒入法式滤压壶中，整壶放在秤上，如图 A。
4. 倒入正确分量的热水，倒水时仔细观察秤上的数字，直到达到 75 g/l 的粉水比例，尽量用较快的速度倒水，让所有咖啡粉快速变湿。
5. 咖啡粉在热水中浸泡 4 分钟，这段时间里，咖啡粉会浮在表面，形成一层咖啡粉层。
6. 4 分钟过后，使用一支大汤匙搅散咖啡粉层，这会让大部分咖啡粉沉入壶底。
7. 此时细小的泡沫和些许悬浮的咖啡粉仍会留在液面上，使用大汤匙捞除并丢弃，如图 B。
8. 继续等待 5 分钟，反正此时咖啡还很烫。等待时，更多咖啡粉及细粉末会沉到壶底。
9. 放入金属活塞，但是不要压下。压下的动作会产生涡流，而让原本沉在底部的细粉渣再次搅动。
10. 缓慢地透过金属滤网将咖啡液倒入杯中，快倒完时咖啡液中会有少许细粉渣，假如你可以接受不把咖啡全部倒完，你会喝到一杯美味又充满风味的咖啡，同时还不带渣。如图 C。
11. 静置一会儿让咖啡在杯中冷却，然后就可以开始享用了。

> 许多人建议完成浸泡时要将所有咖啡液倒出，避免让咖啡粉继续浸泡而导致过度萃取。如果你依照上述方式制作咖啡，应该不会增加负面风味，所以我认为那是没有必要的动作。

# 手冲或滤泡式咖啡
## Pour-over or Filter Brewers

"手冲"一词可用来形容很多种不同的冲煮方法，最常见的是过滤式煮法：让热水通过一层咖啡粉，在这一过程中将咖啡粉的风味萃取出来，通常还会使用某些材质过滤咖啡粉，可能是纸或布，甚至是很细的金属网。

简易式杯上过滤器可能在冲煮咖啡的历史最初就已开始使用，但相关的发明却在较晚时才出现。一开始是材质为布料的过滤器，1908年，一位德国企业家梅莉塔·本茨（Melitta Bentz）发明了纸质过滤器。今日的梅莉塔集团由其孙辈执掌，仍然售卖纸制过滤器（滤纸）、咖啡豆及咖啡机。

滤纸的发明帮助人们远离了摩卡壶式的过滤式咖啡，这种方式煮出的咖啡非常糟糕，带有令人难以置信的强烈苦味。摩卡壶式冲泡法在之后的一个重要创新——另一家德国公司威诺娜（Wigomat）发明的电动式滤泡咖啡机——问世时敲响了丧钟。类似的电动滤泡式咖啡机有许多不同的版本，直到今日还十分受欢迎，虽然并不是所有机种都能煮出好咖啡（详见第85页）。

目前市面上许多不同系列的冲煮器材和品牌都是为了做同一件事，也各有不同的优点及愚蠢之处。往好处看，这种冲泡法背后的原理举世通用，而不同冲煮器材使用的冲煮技巧也能够轻易进行调整。

### 关键原理

使用滤泡式冲煮法时，有三项变因会影响咖啡的风味，很不幸这三项变因不能分开讨论，这正是有必要精确测量咖啡粉的分量及水量的原因，何况当你一早起床、双眼尚在蒙眬时的第一件事就是泡咖啡。

### 手冲壶

使用手冲法冲泡咖啡时，给水的速率在整个流程中非常关键，使用标准的水壶很难让水柱缓慢且稳定。近来一种特制的手冲壶（pouring kettle）问世，咖啡馆中出现了戏剧性的变化。这种手冲壶通常可以放在火炉上加热，现在也有电热式的型号。它的出水口很窄，水柱可以非常缓慢而稳定地流出。

虽然手冲壶目前十分受欢迎，笔者认为对在家冲泡咖啡的人而言，它并非真正值得投资的用品。手冲壶的确让注水的动作变得简单许多，但假如操作不当，壶内的水温会下降，使咖啡无法煮出该有的味道。事实上，手冲壶可以说是一种过度谨慎且复杂的道具，因为我们只是想让注水的动作放慢而已。然而如果在不同的时间用不同的注水速率冲泡咖啡（每个人都可能出现这种情况），那么每天的咖啡都会喝起来大不相同，这可不是件好事。

1. **研磨粗细**：磨得越细，热水通过咖啡粉时就会萃取出越多风味，因为越细的咖啡粉表面积越大，水通过的速度也越慢，因此总体的接触时间会增加。

2. **接触时间**：不只是指水多快通过咖啡粉层，还包括等多久才能再次注水。我们可以借由缓慢的给水达到延长冲煮时间的目的，来提升咖啡的萃取率。

3. **咖啡粉量**：使用越多咖啡粉，热水就会花更多时间通过咖啡粉层，接触时间也会更长。

为了重现一杯风味很棒的咖啡，这三项变因必须尽可能稳定。举例来说，假如不小心减少了咖啡粉量，别人可能会误以为这一份咖啡是因为研磨粗细不对而造成冲煮时间太短。一不留意，我们就很有可能产生混淆，而一直泡出不好喝的咖啡。

**粉层膨胀**

开始冲煮时，通常我们会注入一些热水，分量恰好足以湿润所有的咖啡粉。注入热水时，咖啡粉会开始释放二氧化碳，咖啡粉层则会像发酵面团一样膨胀起来。通常我们会等上30秒再注入剩下的热水。

虽然手冲法被如此广泛地应用，却没有科学理论可以合理解释，有可能在某种程度上释放二氧化碳会让咖啡中的风味更容易释出，这一点似乎与某些研究不谋而合。笔者认为观看粉层膨胀的现象有点催眠的作用，也让我们在早晨的咖啡仪式中多了一丝惬意。

上图：制作手冲咖啡时，通常一开始只会注入少量热水，让咖啡粉膨胀。

上图：手冲咖啡的浓郁度会因为研磨粗细、接触时间以及水流速度而有所不同。

**粉水比例：**60 g/l。笔者建议所有手冲式及滤泡式冲煮法都用此比例开始尝试，但请记得多做点实验，找出自己最喜欢的粉水比例。

**研磨粗细：**中等／细砂糖般的粗细（详见第71页），适用于30克咖啡搭配500克水。要冲煮单杯分量请研磨得更细一些；反之，要煮更多的分量时请磨粗一些。

1. 咖啡豆称重，开始冲泡前再研磨。

2. 使用适合冲泡咖啡、矿物质含量低的新鲜饮用水，煮沸。

3. 当水壶持续加热时，把滤纸放入滤杯中并用少许热水将滤纸淋湿，这有助于阻止纸的味道融入咖啡，同时也可以提升滤杯的温度。

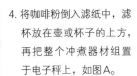
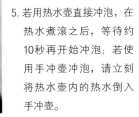

4. 将咖啡粉倒入滤纸中，滤杯放在壶或杯子的上方，再把整个冲煮器材组置于电子秤上，如图A。

5. 若用热水壶直接冲泡，在热水煮滚之后，等待约10秒再开始冲泡；若使用手冲壶冲泡，请立刻将热水壶内的热水倒入手冲壶。

6. 搭配电子秤进行冲煮，注入大约是咖啡粉分量两倍的热水。不用太计较水量是否精确，只要确认热水足以浸湿所有咖啡粉即可。笔者喜欢将滤杯拿起来转一转，以此确认所有咖啡粉都被浸湿了。也可以用汤匙小心搅拌咖啡粉层。在下一次注水之前等待30秒，如图B。

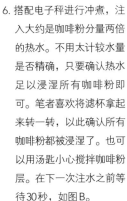

7. 缓缓将剩余的热水注入咖啡粉层，注水的同时要注意电子秤上的重量，并留意先前注入的水量。将水往咖啡粉层的中间注入，试着不要注入滤杯的边缘，以免热水没有通过咖啡粉层就直接流入壶中，如图C。

8. 加入足量热水之后，咖啡液面的高度大约低于滤杯边缘2~3厘米，用汤匙轻轻搅拌粉层，会让黏附在滤纸上的咖啡细粉脱落，如图D。

9. 让滤杯中的水持续滴漏，直到看起来没有水了，此时滤杯中咖啡粉层的表面看起来应该相对平坦，如图E。

10. 将滤纸及咖啡渣丢弃，把滤杯拿开，你就可以开始享用咖啡了。

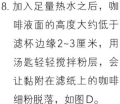

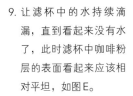
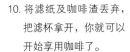

假如你不满意冲出来的咖啡的质量，请先仔细思考你想改变什么参数。笔者建议先从改变研磨粗细开始，假如咖啡尝起来较苦，有可能是过度萃取，下次冲泡时研磨刻度就必须粗一点；假如尝起来很淡、尖酸或涩口，下次试着磨细一些。很快你就会找到最适合自己的研磨粗细标准。

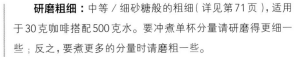

## 不同的过滤材质

手冲或滴滤咖啡的过滤材质主要有三种,不同的材质会过滤掉不同的东西,因此最终的咖啡味道也会有所不同。

### 金属滤网

就像法式滤压壶,金属滤网只会过滤掉颗粒较粗的咖啡粉,咖啡液体看起来会有些混浊,也会带有一些泥状的细粉沉淀物。许多人喜欢这种冲泡方式,因为咖啡当中的油脂和细粉会让咖啡的口感非常醇厚。只要维持金属滤网的清洁,它就可以持续使用数年,但如果用完没有马上清洁或者清洁不到位,咖啡的油垢会累积在滤网上,这样就会影响咖啡的冲泡。

### 滤布

在滴滤咖啡中使用滤布已经有很长的历史了,跟滤纸一样,滤布可以过滤掉很细的咖啡粉,但是滤布会让一些咖啡的油脂通过,这样咖啡液体就很干净,但同时拥有比较丰满的口感。滤布在使用之后要立马清洗干净,然后尽可能快速地将水拧干,如果晾干的速度过慢,就会产生类似衣服遗留在洗衣机中太久后出现的臭味。如果你使用滤布的次数很频繁,可以将滤布浸在一杯水中,然后储存在冰箱里。如果很长一段时间不使用,可以用封口袋将滤布装起来,置于冷冻库中。但要注意的是,多次冷冻、解冻会让滤布的使用期缩短。清洁后的滤布不能有咖啡渍残留,我会推荐使用Urnex公司的Cafiza这款产品来清洁,虽然Cafiza是一款浓缩咖啡机的清洁粉,但它的原始配方是为了清洁大型滴滤设备。使用方法是将一些清洁粉溶于热水中,然后将滤布泡进去,接着用水彻底清洗,然后将清洗后的滤布保存起来。

### 滤纸

滤纸是最常见的过滤材质,用滤纸可以冲泡出口感非常干净的咖啡,滤纸会过滤掉所有的咖啡粉及油脂,过滤后的咖啡会呈现出干净的红棕色。我会推荐漂白过的滤纸,未漂白的棕色滤纸很容易让咖啡有一种令人不悦的纸浆味。

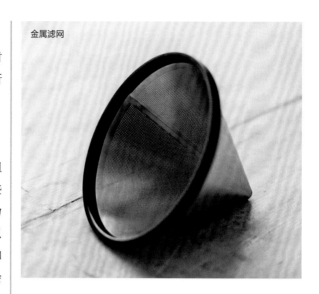

金属滤网

滤布

滤纸

# 电动式滤泡咖啡机
## The Electric Filter Machine Method

使用电动式滤泡咖啡机冲泡咖啡可以省去用量的猜测和重复的工作，每一次冲泡都可以让我们喝到口感稳定的咖啡。当然，在使用电动式滤泡咖啡机的时候，我们必须使用固定量的咖啡粉和冷水，除此之外，其他的变量就交给咖啡机了。

**不**过，大多数电动式滤泡咖啡机冲泡的咖啡口感都相当糟糕，主要是因为它不能准确控制水温。如果你刚好要采购一台新的电动式滤泡咖啡机，请务必确认它可以提供正确的水温。我会推荐购买由美国精品咖啡协会〔译者注：美国精品咖啡协会现已跟欧洲精品咖啡协会合并为精品咖啡协会（Specialty Coffee Association）〕或者欧洲咖啡冲煮中心认证的电动式滤泡咖啡机。我也会尽量避免购买有保温加热垫的机器，保温加热垫会持续地"煮"咖啡，这会带来令人不悦的味道。建议选择使用有保温壶的机器型号。大部分电动式滤泡咖啡机在冲泡大容量咖啡的时候效果会比较好，我会建议一次至少冲泡500毫升，将咖啡放在保温壶中，30分钟内都能保持较好的风味。

## 电动式滤泡咖啡机冲煮

**粉水比例：** 60 g/l。我建议所有手冲式及滤泡式咖啡的冲煮法都用这一粉水比例开始尝试，但是请记得多做点儿实验来找到自己最喜欢的粉水比例。

**研磨粗细：** 中等／细砂糖般的粗细，假如你要一次冲泡500毫升到1升的咖啡，研磨刻度就要粗一些，有许多机种一次可以冲泡1升甚至更多。

1. 咖啡豆称重，开始冲泡前再研磨。
2. 将滤纸放进滤杯中，开启热水键，将滤纸淋湿。
3. 将滤杯推回机器内的位置，倒入适合冲泡咖啡、矿物质含量低的新鲜饮用水。
4. 打开电源。冲泡流程开始时必须随时留意，只要有一部分咖啡粉没有被湿润，就用汤匙尽快搅拌。
5. 等待冲煮结束。
6. 将咖啡渣及滤纸丢弃。
7. 享用咖啡。

和手冲咖啡一样，利用改变研磨粗细的方式来调整咖啡口味是较佳的方式。

# 爱乐压
# The Aeropress

爱乐压（Aeropress）是颇不寻常的咖啡冲煮器材，我至今还没遇到过用过它之后却没有爱上它的人。爱乐压在 2005 年由艾伦·阿德勒（Alan Adler）发明，他同时也发明了 Aerobie 飞盘，所以他把这个冲煮器材命名为 Aeropress。爱乐压兼具便宜、耐用且携带方便的优点，许多咖啡从业人员四处旅行时都会携带爱乐压，此外它十分方便清洗。

爱乐压有趣的地方在于它结合了两种不同的冲煮方式，它一开始让咖啡粉浸泡在热水中，就像法式滤压壶，但到了要完成冲泡的阶段时，就使用活塞的方式将咖啡液透过滤纸推挤出来，这又有点儿像意式浓缩咖啡机及滤泡式咖啡机的原理。

相较于其他冲煮器材，爱乐压可以使用的不同配方及冲煮技巧数不胜数，甚至每年有个比赛就为了找出最棒的冲煮技巧。这个比赛起源于挪威，现在已经发展为国际型赛事：世界爱乐压大赛（World Aeropress Championships）。每年赛后，主办单位都会在官方网站（www.worldaeropresschampionship.com）公布前三名的配方及技巧，让人们有机会见识爱乐压的可塑性有多高。

但是，如果说爱乐压也能用来制作意式浓缩咖啡或是任何近似的饮品，我可不这么认为。也许你可以用爱乐压制作出很小杯却很浓郁的咖啡，但人工推活塞的力量无法达到意式浓缩咖啡机般的高压。

以下介绍两种操作爱乐压的主要方式。

## 粉水比例及研磨粗细

在爱乐压的冲泡过程中，研磨粗细、冲泡时间及用水量之间的关系格外重要，要达到最佳冲泡效果，必须先决定你想喝多大杯的咖啡：

- 想要一小杯浓郁的咖啡，建议你使用 100g / l 的粉水比例。要想冲得快一点儿，你必须采用相对较细的研磨刻度，如果选择较粗的研磨刻度，就要延长冲泡时间，才能达到好的效果。
- 想要一杯接近家常咖啡的东西，我建议使用与法式滤压壶一样的 75g / l 的粉水比例，因为此时用的是浸泡式冲泡法。再强调一次，你可以自行决定冲泡时间及研磨粗细的搭配方式。

左图：爱乐压就像一种介于意式浓缩咖啡机及滤泡式咖啡机之间的手动冲煮器材；它使用类似活塞的结构，将咖啡液透过滤纸推出。

## 传统式爱乐压冲煮

传统做法可以让你冲煮出较多的咖啡,相对简单,也不会把厨房搞得一团糟。因为使用爱乐压时有许多变因可以把玩,很容易让人想要一次性改变许多种参数。例如,较大的推力会加快冲泡速度,煮出更多咖啡的风味成分;延长浸泡时间或使用较细的研磨刻度也会提高萃取率,但最好一次只改变一项变因,实验的次数越多,你就有越多机会尝试不同、有趣的咖啡风味。

1. 咖啡豆称重,要开始冲泡前再研磨。

2. 在过滤器上放入一张滤纸,并将过滤器与冲煮器锁上。

3. 倒入少许热水,让冲煮器预热,同时淋湿滤纸。

4. 在电子秤上放一个马克杯,将冲煮器架在马克杯上,之后倒入咖啡粉,如图 A。

5. 煮一壶适合冲泡咖啡、矿物质含量低的新鲜饮用水。

6. 热水煮沸后等候 10~20 秒,打开电子秤的电源,倒入你设定好的水量(举例来说,用 15 克咖啡粉我会加入 200 毫升热水),启动定时器,如图 B。

7. 快速搅拌咖啡粉,然后将爱乐压活塞装置定位,确认活塞与冲煮器密合无虞,但此时不要向下推。让冲煮器里维持类似真空的状态,而咖啡液不会从底下渗漏,如图 C。

8. 经过一段时间的浸泡(建议先从 1 分钟开始尝试),将马克杯及冲煮器一起拿下电子秤,缓缓压下活塞,直到所有咖啡液都被推出为止,如图 D。

9. 丢弃咖啡渣时,将活塞往回拉 2~3 厘米,以防止继续滴漏。拆开过滤器,拿着冲煮器对准厨余桶,将活塞往下推,让咖啡渣掉落,用手轻拍,让还没掉落的咖啡渣掉下,然后立刻冲洗冲煮器以及活塞底部,如图 E。

10. 享用咖啡。

## 反转式爱乐压冲煮

我之所以介绍这种做法，主要是因为许多人喜欢使用此方法，但常常做错。我建议刚开始学习使用爱乐压时采用传统做法，但如果你喜欢实验，本文会带领你安全地操作反转式方法。

反转式的概念是将整个爱乐压颠倒过来操作，这样咖啡液就不会在浸泡阶段滴漏出来。推下活塞要挤出咖啡液之前，你必须在顶端盖上一个杯子，这就是大家常出错的地方。因为翻转爱乐压时，冲煮器内装满很烫的液体，这个动作必须谨慎。此外也要特别注意反转式煮出的咖啡液比较少，最多只能煮出200毫升。

1. 咖啡豆称重，开始冲泡前再研磨。

2. 在过滤器上放一张滤纸，将过滤器与冲煮器锁上。

3. 倒入少许热水，让冲煮器预热，同时淋湿滤纸，卸下过滤器。

4. 将活塞推入冲煮器约2厘米，并将冲煮器颠倒放在电子秤上，倒入咖啡粉，如图A。

5. 煮一壶适合冲泡咖啡、矿物质含量低的新鲜饮用水。

6. 水煮沸后等候10~20秒，打开电子秤的电源，倒入你设定好的水量（举例来说，用15克咖啡粉我会加入200毫升热水），启动定时器，如图B。

7. 快速搅拌咖啡粉，浸泡约1分钟。

8. 在等待咖啡浸泡的时候，将冲煮器从电子秤上移开，将带着滤纸的过滤器锁上冲煮器，如果先淋湿滤纸，它应该会粘在过滤器上。

9. 缓缓将冲煮器的顶端往下拉到液体表面快接近过滤器的地方，这会让活塞更稳定地固定在冲煮器上，翻转过程中不容易弹开，如图C。

10. 浸泡到将要结束的时间，在爱乐压顶端放一个马克杯，杯口朝下，一只手顶着马克杯，另一只手握住冲煮器，小心地翻转，如图D、E。

11. 缓缓将活塞往下推，直到所有咖啡液都被推进马克杯中，如图F。

12. 如第88页，将爱乐压内的咖啡渣倒出并清洗冲煮器。

13. 享用咖啡。

# 炉上式摩卡壶
## Stove-top Moka Pot

许多人家里都有一个摩卡壶，不论还在使用或深藏于橱柜中。就许多方面来说，我很纠结要不要说明它普及的程度，因为摩卡壶是一种对使用者不太友善的冲煮器具，要煮出好咖啡也不容易。摩卡壶常常会煮出非常浓郁且非常苦的咖啡，但对于在意大利饮用意式浓缩咖啡的人而言还算能接受。在意大利，几乎家家户户都用摩卡壶煮咖啡。

摩卡壶的专利属于1933年的发明者阿方索·比亚莱蒂（Alfonso Bialetti），直到今天比亚莱蒂公司仍在生产这种十分受大众欢迎的冲煮器具。摩卡壶的材质仍然大多是铝制的（几年前大家或许听过一些关于铝制品的谣言），虽然大多数人希望可以买到不锈钢材质的版本。

下面介绍的摩卡壶操作方式，与大多数人使用的方式有点儿不同，但是此方法很可能会让对自己煮出的咖啡已经感到很满意的人也觉得受用。就摩卡壶而言，我最不能接受的一点是：它会让热水的温度太高，因而萃取出非常苦的化合物。有些人也许特别喜欢这种苦味，但另一些人就是因为这点而痛恨摩卡壶。下面介绍的冲泡技巧，可以帮助人们认识这个长久以来被遗忘的冲煮器材值得尊敬的原因，并从另一个角度来享用摩卡壶咖啡。

因为摩卡壶的高粉水比例，以及相对较短的冲泡时间，要用来泡浅烘焙、密度较高或是酸味及果香特别浓郁的一些咖啡，仍然有难度。我建议使用意式浓缩咖啡中烘焙度较浅的咖啡豆，或使用来自略低海拔的咖啡豆，而避免使用深度烘焙的咖啡豆，因为摩卡壶本来就容易煮出苦味。

左图：为了煮出一杯好的摩卡壶咖啡，请选择较浅的意式浓缩咖啡烘焙度或是略低海拔的咖啡豆来冲泡，这样可以避免煮出苦味过强的咖啡。

# 炉上式摩卡壶冲煮

**粉水比例:** 200 g/l。多数情况下,你没办法真正控制粉水比例,只能把过滤器用咖啡粉填满,然后将水倒入底座至未达泄压阀的水位,因此实际上没有多少空间可以改变冲泡品质。

**研磨粗细:** 较细研磨／精盐般粗细(详见第 71 页),我不建议使用意式浓缩咖啡那样细的研磨刻度,这是许多人争论的议题,我较偏好略粗一些的,因为希望能将咖啡中的苦味减到最低。

1. 开始冲泡前再研磨。将咖啡粉填入滤器内,并将粉整平,不要填压。

2. 煮一壶适合冲泡咖啡、矿物质含量低的新鲜饮用水。使用热水的优势是,整个摩卡壶在火炉上加热的时间会较短,同时咖啡粉不会被热坏,即可减低苦味的强度。

3. 在摩卡壶底座倒入热水,达到泄压阀底下的水位即可。千万不要让水超过泄压阀,这是一种安全装置,会排出底座过多的压力,如图 A。

4. 将装满咖啡粉的滤器准备就位,请先确认圆形橡胶垫圈是完全干净的,之后小心地组合整个摩卡壶。如果上下座没有完全密合,冲煮流程就无法顺利进行,如图 B。

5. 将摩卡壶放上火炉,开中小火,上方的盖子保持开启的状态。当下座的水开始沸腾,蒸汽产生的压力会将热水由中间的空心管往上推到咖啡粉层的位置,火力越大压力就越大,也会越快完成冲煮流程,不过也不宜太快,如图 C。

6. 在摩卡壶上座中,你应该看到咖啡缓慢地冒出来。仔细听,当你听到一阵咕噜声时,就该把火关掉,并停止继续冲煮。这阵咕噜声代表大部分水都已上升,同时开始有蒸汽通过咖啡粉层,那样就会产生更多苦味。

7. 要停止冲煮,就将摩卡壶底座用水龙头的冷水冷却,水蒸气会凝结,让内部的压力消失,如图 D。

8. 享用你的咖啡。

将摩卡壶拆开清洁之前,要确认它已冷却到安全的温度范围。清洁完成后必须确认各部位都是干燥的,存放时也不要把所有的结构锁上,这样会让橡胶垫圈更快老化。

# 虹吸式咖啡壶
## The Vacuum Pot

使用虹吸式咖啡壶（Vacuum Coffee Pot）制作咖啡是一种非常古老却越来越受欢迎、具有娱乐效果的冲煮方式，但它在许多方面也很令人困扰，会带来不少挫折感，最后甚至会让你把虹吸式咖啡壶塞回橱柜里，或变成展示架上的装饰品。

**19**世纪30年代，虹吸式咖啡壶首见于德国，专利由一位法国女士珍妮·理查德（Jeanne Richard）在1838年取得。如今虹吸壶的设计和以前的差别不大，分为上座及下座两部分，下座装水，同时直接加热到沸腾；上座装咖啡粉，会插在下座上面，两者之间非常密

合，才能让下座的蒸汽累积足够的压力，将热水通过玻璃管往上推到上座，到了上座水温会降到沸点以下，温度恰好适合煮咖啡。当上座的热水与咖啡在浸泡的那段时间里，很重要的一点是，下座必须持续加热。

结束冲煮时，将热源从虹吸壶底座移开，蒸汽冷却后，就会凝结变回液态水，形成类似真空的状态，将上座的咖啡液通过过滤器及玻璃管吸回下座。煮完的咖啡渣会留在上座，与咖啡液分离，咖啡可以直接由下座倒出，整个冲煮流程就是一种引人入胜的物理现象。在教室里做实验时，拿虹吸壶演练一次，通常会获得不错的反响。然而不幸的是，虹吸壶冲煮法难度非常高，以致大多数人无法正确操作，往往试过一两次后便放弃了，这真的很可惜。

### 附加工具

使用虹吸式咖啡壶冲煮时，你需要一个独立的热源，有些虹吸式咖啡壶的设计可以使其直接放在火炉上加热，有些用酒精灯加热，酒精灯最好用小瓦斯灯取代。在日本及一些专业的咖啡馆里，也会使用卤素灯当作热源。卤素灯并不是最有效率的热源，却能让整个冲煮过程更炫目。

有些人会使用竹制棒搅拌咖啡粉，但这没什么特别的，因为一支汤匙也可以达到同样的目的。虽然我不否认你在进行冲泡仪式时，使用一些专用的工具可以增加乐趣，但也不会宣称这些工具对咖啡的质量会有任何影响。

### 过滤器

大多数传统的虹吸式咖啡壶用滤布作为过滤器，这块滤布被绑在一片金属片上。保持滤布的清洁很重要，每次使用后请尽量将滤布清洗干净。你可以使用热水清洁，假如有数天不会用到滤布，就用适当的清洁剂清洗。除了滤布，还有其他替代用品，像是滤纸或金属滤网，但都必须使用特殊的固定装置。

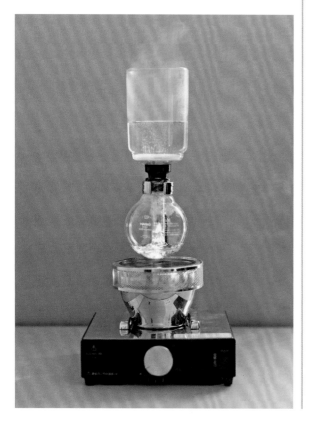

**左图：**使用虹吸式咖啡壶制作咖啡是一种较夸张的浸泡式冲煮法，下座产生的蒸汽将热水推往上座与咖啡粉一同浸泡，冲煮好的咖啡液将再度流回下座。

**粉水比例：**75 g/l。有些人倾向于多用一点儿咖啡粉冲泡虹吸式咖啡，尤其是广泛使用虹吸式冲煮法的日本。

**研磨粗细：**中等／细砂糖般粗细（详见第71页），虹吸式冲煮法是一种浸泡式煮法，你可以自行决定冲煮时间与研磨刻度的搭配。我要提醒各位，磨得太细会导致咖啡液回吸的速度变慢；假设你用非常粗的研磨刻度，就必须在较高的水温中停留较久，而这会让咖啡尝起来较苦。

1. 咖啡豆称重，开始冲泡前再研磨。

2. 煮一壶适合冲泡咖啡的、矿物质含量低的新鲜饮用水。

3. 将过滤器固定在上座，要确认过滤器是否贴合上座。

4. 将下座放到电子秤上称重，倒入你想要的热水分量。

5. 将下座移到热源上（小瓦斯灯、酒精灯或是卤素灯皆可），请拿着它的把手操作。

6. 将上座插入下座中，但此时不要完全密封。若太早让上下座密封，下座内逐渐膨胀的气体也会将热水往上推，此时的热水还没到达适当的温度，会让咖啡不好喝。

7. 热水开始沸腾时，让上下座密合。如果你使用的是可以控制火力的热源，要将火力转小一些。此时沸腾的热水会被推往上座，你必须观察过滤器是否还固定在上座的中央，如果没有，你会看到过滤器的边缘出现很多大气泡，可以用搅拌棒或汤匙小心地推一推过滤器，让它回到正确的位置。

8. 热水刚倒到上座时产生的气泡较多，同时伴随有较大的气泡，当气泡变得细小时就可以开始冲煮，倒入咖啡粉并搅拌，直到所有咖啡粉都被均匀湿润，启动计时器，如图A。

9. 上壶表面会形成一块粉层，计时开始后30秒，温柔地搅拌粉层，让下层的咖啡粉能够与下方的热水继续接触，如图B。

10. 再等30秒后关掉热源，一旦咖啡液被吸回下座，轻轻搅拌上方粉层，一次按顺时针，紧接着再以逆时针搅拌，避免咖啡粉附着在上座边缘。但是如果你搅拌得太多，最后有可能会看到一个由咖啡粉形成的小丘，这代表萃取不均匀。

11. 让咖啡液完全被吸回下壶，上壶中会留下一个微微凸起的咖啡粉层，将咖啡液倒入另一个咖啡壶中，否则下壶的余热会让里面的咖啡液有煮过头的味道，如图C。

12. 让咖啡冷却。虹吸式煮法会煮出非常烫的咖啡，如图D。

公元9世纪时，在埃塞俄比亚首次发现咖啡，首都亚的斯亚贝巴（Addis Ababa）的Tomoca咖啡馆是该国目前最古老的咖啡馆，馆内可以看到唯一较新颖的东西就是意式浓缩咖啡机。

# 意式浓缩咖啡
# Espresso

过去 50 年里，许多人认为意式浓缩咖啡是喝咖啡的最佳方式，这不全然正确，因为没有任何一种冲煮方式真的胜过其他方式。在家以外的地方饮用咖啡时，意式浓缩咖啡顶多算是当前最受欢迎的咖啡饮品种类，许多咖啡馆对一杯意式浓缩咖啡的收费甚至高过滤泡式咖啡。

毫无疑问，意式浓缩咖啡是咖啡零售业的主要驱动者，无论是今日受到广泛欢迎的意式浓缩咖啡文化，还是美式快餐文化版本的全球咖啡连锁店。

制作意式浓缩咖啡可以同时让人感到十分挫败又大为振奋，笔者必须郑重警告：除非你真的很想培养这样的新嗜好，否则绝对不要在家里买一台意式浓缩咖啡机。当你幻想在一个慵懒的周日早晨阅读早报时，能配上两杯亲手制作的美味卡布其诺咖啡，其实事前的准备工作与这样的幻想相去甚远（还有事后的清洁工作）。如果只想来两杯咖啡饮品，而不是要做这样的工作，笔者建议你跟我一样，到附近一家咖啡馆让专业人士替你服务。不过，的确不是每个人家里附近的咖啡馆都有好咖啡，对想在家里掌握意式浓缩咖啡冲泡法的人而言这可是个好理由。

## 意式浓缩咖啡的起源

冲泡咖啡时，我们都了解研磨粗细的重要性，研磨得越细，咖啡的味道越容易被萃取出来，也不需要那么多的水，这意味着你可以煮出一杯更浓郁的咖啡。但当你把咖啡豆磨得细到光靠地心引力无法让水穿透过咖啡粉层时，就会产生问题，这个问题会限制你能煮出多浓的一杯咖啡。

长久以来，人们一直知道存在这个问题，第一个解决方式是利用累积起来的蒸气压力将热水推过咖啡粉层。这种早期的意式浓缩咖啡机一开始只在咖啡馆用来制作一般浓度的咖啡，但可以更快速，于是得到 espresso

这个名称。不过，在不危及人身安全的前提下，水蒸气本身产生的压力通常不足，因此有人开始尝试使用空气压力或水压协助萃取咖啡。其中最大的一次突破来自阿喀琉斯·加贾（Achille Gaggia）的发明，他的机器有一支大型拉把，操作者将拉把往下拉，压缩弹簧，当弹簧松开后，产生的压力会推送冲煮用的热水穿过咖啡粉层。这种方式产生的瞬间压力非常可观，因此可以把咖啡粉磨得更细，制作出既小杯又更浓郁、完美萃取的一杯咖啡。

## 克丽玛

对大多数咖啡饮用者而言，意式浓缩咖啡的一项主要特征不只是它的浓郁度，还有那表面浮着的一层厚厚的泡沫——克丽玛，也是意大利人称呼鲜奶油的用语。它是自然而然形成的一层泡沫，漂浮在咖啡的液面上，就像漂浮在一杯啤酒表面的那层泡沫。

克丽玛的成因是水在非常高的压力下可以溶出更多二氧化碳，而二氧化碳是在烘焙咖啡时自然产生的气体，当冲煮好的咖啡液逐渐回复到正常的大气压力之下，咖啡液无法继续困住所有的气体成分，因此就产生了意式浓缩咖啡中无数细小的泡泡。这些泡泡会留在咖啡液面上，看起来就像一层很稳定的泡沫。

长久以来，许多人都认为克丽玛很重要，事实上克丽玛的存在只代表两件事：第一，咖啡豆是否仍然新鲜，距离烘焙日期越久，咖啡豆内的二氧化碳含量就越低，煮出来的咖啡泡沫就比较少。第二，这杯意式浓缩咖啡究竟是浓郁还是清淡的，泡沫的颜色越深，通常口味越浓郁。这是因为其实克丽玛本质上就是咖啡液的泡沫形态，比咖啡液本身的颜色略浅，因为泡沫会折射光线，所以咖啡液本身的颜色深浅，决定了克丽玛的颜色深浅。基于这个原因，用较深度烘焙的咖啡豆制作出的咖啡克丽玛颜色较深。然而，克丽玛无法告诉你咖啡生豆的质量是否优良，咖啡豆是否经过妥善的烘焙，用来冲煮意式浓缩咖啡的机器是否干净，以上是一杯美味的咖啡中你必须注意到的所有关键因素。

## 基本冲煮技巧

冲煮意式浓缩咖啡时，研磨好的咖啡粉会被装进一个小的金属滤器里，滤器再放进另一个把手中。滤器底部有许多细小的孔洞，用来防止咖啡细粉流过，同时让咖啡液能够顺利通过，不过还是会有少许最细的粉末颗粒会通过孔洞。

滤器中的咖啡粉会经过填压，

右图: 1905年取得专利的拉帕瓦尼（La Pavoni）双孔机Ideale是同类咖啡机中的先驱，这类咖啡机将意式浓缩咖啡推广到欧洲，不久之后更遍及全世界。

上图：出色的咖啡师可以在限定时间内制作出理想的咖啡分量，即使是使用一台造型优美的1956年版圣马可（La San Marco）咖啡机。最重要的事，就是确认研磨粗细是否正确。

让表面平整，放入滤器的把手，之后锁上意式浓缩咖啡机，启动泵。泵会将接近沸点的热水由锅炉推送穿过咖啡粉层，萃取出的咖啡液会滴落到下方的咖啡杯中。某些咖啡机型在冲煮时，操作者可以决定何时关闭泵来结束萃取，有时靠目测，有时靠称重；另有些机型则会释放固定的水量，之后自动关闭泵。出色的意式浓缩咖啡是由萃取条件决定的。好的咖啡烘焙商会给你提供大量的黄金萃取参数，出色的萃取条件指精确的测量数值，

包括下列项目：

· 咖啡粉的重量（克）。
· 咖啡液的目标萃取剂量（最好以克为单位，至少也要以毫升计算）。
· 总萃取时间。
· 萃取用的热水温度。

除了在此提供基本的冲煮概念，我还有一些建议给想在家里煮出出色意式浓缩咖啡的人。这些技巧是我多年来到全世界各地传授给许多专业咖啡师的心得，相信也是目前大家认同的要煮出优质意式浓缩咖啡的关键因素。

## 萃取压力及阻抗力

冲煮意式浓缩咖啡的目标，是在限定的时间范围内煮出特定剂量的咖啡液。举例来说，我们也许会想实现这样的参数：在27~29秒内，用18克咖啡粉制作出36毫升咖啡液。为此，我们必须知道如何控制热水通过咖啡粉的速度。

热水通过咖啡粉的速度决定了咖啡风味成分萃取的多寡，假如热水花太长时间穿透咖啡粉，就会带出太多成分，通常是过度萃取。这杯咖啡将带有苦味、烟灰味及非常刺激的风味；假如热水通过咖啡粉的时间太短，成分就萃取不足，咖啡尝起来会比较尖锐、涩口而且稀薄。

用来控制水流通过咖啡粉速度的方法是改变咖啡粉层的阻力大小。有两种方式可以达到这个目的：改变咖啡粉的分量（放入越多咖啡粉，热水就要花更多时间穿透咖啡粉），以及改变咖啡研磨粗细。

咖啡粉磨得越细，咖啡颗粒之间的密合度就越高，会提高热水通过咖啡粉的难度。假如你有两个空罐子，其中一个装满沙子，另一个装入同样重量的小石头，水通过装着小石头的罐子会比较快；同理，研磨较粗的咖啡粉在咖啡机上会让水更快速地通过。

许多人都有这样的经验，这也是让世界各地成千上万的咖啡师感到挫败的一个问题：流速不对，咖啡就不好喝。如果是研磨粗细或咖啡粉的用量不正确，问题很难立刻被发现。正因如此，一般在家里操作时，我建议一定要测量咖啡的分量，这可以降低失误率、挫折感及减少浪费。如果使用了正确分量的咖啡粉，你就知道其实要改变的只有研磨粗细而已。

意式浓缩咖啡或许是全世界餐饮领域中用最吹毛求疵的一种冲煮方式制作出来的，这么说可不是轻描淡写。目标范围外几秒的差距、在滤器内少1克咖啡粉，或是最后萃出的咖啡液总量少了几克，就能对咖啡风味造成很大的影响，很可能会从一杯很爽口的咖啡变成只能倒进水槽的失败品。

我建议固定参数越多越好，一次只改变一项变因。当你煮出一杯令人失望的咖啡时，试着先从改变研磨粗细着手，因为如果研磨粗细出错，改变其他的变因不见得会让你做出想要的成果。

## 填压

"填压"（tamping）一词用来形容冲煮意式浓缩咖啡之前压紧咖啡粉的动作。刚研磨好的咖啡粉是蓬松的，假如把没有压紧的咖啡粉直接放进咖啡机中，以高压的热水萃取，水会找到咖啡粉颗粒之间的孔洞快速通过，许多咖啡粉因此未能萃取出风味。这个现象我们称为"通道效应"（channelling），通道效应发生时，煮出的咖啡带有尖锐及不讨喜的风味，因为咖啡粉内的成分没有被均匀地萃取出来。

许多人认为填压是很重要的动作，但我不相信它有那么重要。填压的目标单纯是为了推出咖啡饼内的空气，并确保冲煮之前咖啡饼的表面均匀平整，力道大小对水通过咖啡粉的速度并不会有太大的影响。一旦咖啡饼内的空气都被推出，你要用更大的力气压出更多空气是有困难的，意式浓缩咖啡机以9巴（130磅/平方英寸）的压力推送热水，比人工填压的力道大多了，填压只是为了让咖啡饼的表面均匀，没有其他目的。

有些人在填压后发现有少许咖啡粉粘在滤器周围，会用填压器敲一敲把手，让粘着的咖啡粉掉落，然后重新填压。千万别这么做！敲击把手时可能会把咖啡饼敲松，使咖啡饼与滤器之间产生空隙，就可能造成通道效应。其次也可能会伤及填压器，有些填压器本身就是美丽的工艺品，缺损了是很可惜的一件事。

最后，我的建议是用正确的姿势操作填压器，就像拿手电筒的握法，拇指直直朝下，开始填压时，你的手肘必须在滤器的正上方，手腕打直。你可以想象手里拿着一把螺丝起子，锁住一个在工作台上方的螺丝，用相同的手势拿填压器可以保护你的手腕不受伤（详见第100页）。不断重复地使用错误的方式操作填压器是大多数职业咖啡师手腕受伤的主因。

## 冲煮意式浓缩咖啡

　　这里我们将制作两杯意式浓缩咖啡，你可以做两杯分开的咖啡，或直接做成一杯双份意式浓缩咖啡（double espresso）。

1. 将意式浓缩咖啡机的水箱装满适合用来冲煮咖啡的低矿物质含量的饮用水，之后打开开关，开始加热。

2. 开始冲煮之前再研磨咖啡豆，记得先替咖啡粉称重，如图 A。

3. 确认滤器内部清洁，使用干燥的小抹布擦拭滤器内部，确保滤器内完全干燥，同时去除前次冲煮后残留在滤器内的咖啡粉，小抹布也有助于清除前次冲煮后残留的油脂类物质。

4. 假如手边的电子秤台够大，将整个冲煮把手放在秤上测量咖啡粉的重量；假如没那么大，拆下滤器放在秤上测量咖啡粉的重量即可，如图 B。

5. 如果电子秤的准确度够高，请装入误差值在 0.1 克之内的咖啡粉，精度依据你平常惯用的咖啡粉量或咖啡烘焙商提供的数据。这样的准确度看似对技术的要求过于严苛，但现在电子秤相对便宜多了，只要你使用电子秤，保证可以更经常地制作出更美味的咖啡。

6. 将冲煮把手从电子秤上拿下，填压滤器中的咖啡粉，使表面平整，手腕要打直，咖啡饼的密度才会平均。你可以把填压器放在咖啡饼上，观察填压器把手的倾斜角度，就能知道填压是否够平整，如图 C。

7. 将要用的杯子放到电子秤上扣除重量。

8. 启动咖啡机，让一些热水流过冲煮头，这有助于使冲煮时的水温稳定，也可以洗去前一次冲煮时残留的咖啡粉。

9. 小心地将冲煮把手扣到咖啡机上并锁紧，将咖啡杯放置在把手下方的咖啡分流嘴下。

10. 准备好定时器，如果咖啡机没有内置显示冲煮时间的功能，只要使用简单的码表或手机上的定时器软件即可。

11. 尽快开始冲煮咖啡。启动冲煮键时同时按下定时器，冲煮时依照咖啡烘焙商建议的冲煮时间操作，如果咖啡烘焙商没有提供参数，请尝试将总冲煮时间控制在 27~29 秒。

12. 到期望的冲煮时间后关闭冲煮键，当冲煮把手的咖啡液完全不滴落了（大约几秒之后），将咖啡杯放到电子秤上，确认到底煮出多少咖啡液。

## 判断冲煮成果

在理想情况下，冲煮出的咖啡液的重量与咖啡烘焙商建议值的误差应该在几克之内。假如误差值过大，只要改变一些小地方，下次冲煮时再尝试看看：

- 假如煮出的咖啡太多，表示咖啡流得太快，必须把咖啡磨得更细，使流速降低。
- 假如煮出的咖啡太少，表示咖啡流得太慢，必须把咖啡磨得更粗，使流速加快。

对许多人来说，这样的精准度要求似乎有点极端，有些人也较偏好测量咖啡液的体积（单纯以肉眼判断），这样当然也行，只是不够准确。

当一台磨豆机被设定成用于某个特定批次的咖啡豆时，就不太需要再做调整，除非你家在一天之内会有巨大的温差。

## 改变研磨粗细

冲煮意式浓缩咖啡时，要准备一台可以轻松调整研磨粗细度的磨豆机。每当开始冲煮一包新的咖啡豆时，你需要重新调整磨豆机。在咖啡业界，我们用 dialling in 这个术语表示调整研磨粗细。

不论是哪台磨豆机，在每次研磨完后或多或少都会残留一些咖啡粉。这代表当你改变研磨粗细时，调整好之后第一次研磨的咖啡粉里有部分还是之前的粗细度，大多数吧台手会将第一次研磨的咖啡粉磨出并直接丢弃。如果改变研磨粗细后得到的冲煮成果没太大差别，很可能是前一次的咖啡粉没有被完全推出。

调整研磨粗细时，笔者建议一次调整一点点即可。当你买了一台新的磨豆机，可以用较便宜的新鲜烘焙的咖啡豆来尝试，就能了解只改变一个刻度时得到的冲煮成果的差异会有多大。大多数磨豆机的刻度都有

对应数字，但其实没有任何实质意义。咖啡要调整为较细的研磨程度时，将调整杆调往较小的数值方向，反之亦然。许多磨豆机都有刻痕的设计，有时以整数表示，有时则用小数点后一位的方式表示。要调整研磨粗细时，建议一开始只调整一小格刻度。

## 粉水比例

意式浓缩咖啡有许多不同的风格，人们对煮多久或浓郁度也各有所好。业界常会提到的粉水比例指使用固定重量的咖啡粉要煮出多少咖啡液。笔者个人的偏好是使用一份咖啡粉煮出两份意式浓缩咖啡。举例来说，假设用18克咖啡粉，我会想要煮出重量约36克的意式浓缩咖啡。真正的意大利人通常会煮成更小杯一点，所以如果我要用意大利标准煮双份意式浓缩咖啡，就会用14克咖啡粉萃取28克咖啡液，这个固定的粉水比例是为了维持我对风味浓度的偏好。

假如我想要一杯更浓郁的意式浓缩咖啡，可以采用1:1.5的粉水比例，也就是用18克的粉煮出27克的咖啡液。萃取量较少的意式浓缩咖啡口味会非常浓郁，因此必须将研磨刻度调细些，让整个冲煮过程花费的时间相近。假如使用原来的研磨粗细度，让热水通过咖啡饼的速度不变，而只取前段的27克咖啡液，萃取时间会太快，因此很难萃取出所有想要的好味道。

## 冲煮水温

全球咖啡产业正逐渐从意式浓缩咖啡对稳定水温的着迷中苏醒，改变冲煮水温的确对萃取与风味有影响，但笔者不相信它像许多人说的那么重要。水温越高萃取咖啡的效率就越高，因此在冲煮较浅度烘焙的咖啡时，笔者会建议使用较高的水温，较深烘焙的咖啡则用较低的水温，因为较深烘焙的咖啡更容易释放风味成分。

有些人声称0.1℃的水温差异会改变咖啡的风味，我不同意。笔者认为1℃以上的水温差异才会造成大多数人感觉得到的最小差异。以我的经验来说，喝到一杯不好喝的意式浓缩咖啡时，绝大多数都不是因为

水温不对。

如果你的咖啡机可以更改冲煮水温,我建议使用90℃~94℃的水温。如果煮出的意式浓缩咖啡味道不对,你可以先尝试调整其他参数。假如不管怎么调整得到的都是不好的味道(像是一直有尖锐的酸味),再试着调高水温;一直有股苦味,就试着降低水温(当然先检查咖啡机是否干净)。

## 冲煮压力

第一台意式浓缩咖啡机使用压缩弹簧产生的压力推送热水穿过咖啡饼,当弹簧伸展时,压力就会慢慢减落。一开始它会制造非常大的压力,最后以相对低的压力推送热水。电动泵式越来越普及后,人们通常会设定恒定的输出压力。有些人会设定9巴,因为这个数值比较接近压缩弹簧制出的压力的平均值。

很幸运的是,这个压力值刚好也是我们可以得到最佳流速的压力值,低于9巴的水压会使咖啡饼造成的阻力较大,流速会变慢;压力高于9巴时,咖啡饼会因为压力而变得密实,再度让流速变慢。只要你的咖啡

上图:一间艺术家、知识分子以及学生们聚会的大学街咖啡屋,邻近印度加尔各答的卡尔库塔大学(University of Calcutta)。这间咖啡馆在这座城市的文化史中扮演着重要的角色。

机能够输出正确的水压,就没什么问题。水压太低时,你的意式浓缩咖啡会缺乏丰厚度,乳化成分也会比较少;非常高的水压则会让咖啡产生一股奇怪、木质般的苦味,令人不悦。

现在市面上的许多设备让吧台手能够改变冲煮水压,但尚未将这一最新科技用于家用咖啡机。

## 清洁保养

我估计全世界大约有95%的商用咖啡机没有被妥善清洁,这正是每天人们会喝到一杯令人失望、焦苦、不讨喜的咖啡的主要原因之一。没有所谓太干净这回事,每次煮完咖啡后你都需要花点时间清洁,一台干净的机器可以让你的咖啡一直保有香甜与干净的风味。

· 煮完咖啡后,取下冲煮把手上的滤器,并将把手

## 专为意式浓缩咖啡烘焙的咖啡豆

意式浓缩咖啡与其他冲煮方式截然不同，这也是因为要用相对少的水量完全萃取出咖啡的风味成分是一项挑战。另外，萃取浓度较高的咖啡时，风味的均衡度会显得格外重要，因此用其他冲煮法能冲出美味、风味又和谐的咖啡豆，用意式浓缩咖啡冲煮就会出现太强烈的酸味。

基于这个原因，许多咖啡烘焙商会特别针对意式浓缩咖啡改变烘焙方式。虽然并非放诸四海皆准，笔者建议用于制作意式浓缩咖啡的咖啡豆在烘焙时放慢一些，烘得深一些，其他冲煮方式则不需要刻意这么做。

然而咖啡烘焙商对意式浓缩咖啡豆该烘到多深仍存歧见，因此出现了从相对浅烘焙到极深度重烘焙并存的情况。笔者个人较偏好浅一点的，因为这个烘焙度会保留咖啡生豆中某些令人喜爱的特质。深度烘焙的咖啡通常带有一股"烘焙味"（roasted coffee flavour），也会有我特别不喜欢的较强的苦味。这是我个人的偏好，每个人都可以有自己的风味喜好。

烘焙越深的咖啡豆越容易萃取出风味，因为烘焙时间越长，咖啡豆的结构中会有越多孔隙，并且组织脆度变高，这意味着在萃取时需要用到的水量较少。假如风味的丰厚度及口感对你来说很重要，你可能会偏爱1:1.5的粉水比例；假如甜度及清澈感对你而言比较重要，笔者会建议采用较浅一点烘焙的意式浓缩咖啡，以及1:2的粉水比例。

内部用肥皂水及菜瓜布清洗（译者注：请尽量使用食品级清洁剂或蔬果清洗剂）。如果不这样做，把手内部会累积一层干掉的咖啡，导致煮出的咖啡带有很糟糕的气味及口味。

· 意式浓缩咖啡机的热水是通过网状的莲蓬头流出，假如莲蓬头能轻易从机器上移除，请拆下清理，同时也要清洁与莲蓬头固定在一起的分水网。

· 之后要清理橡胶垫圈，假如有咖啡粉在橡胶垫圈附近堆积，冲煮把手与咖啡机的冲煮头就无法密合，热水在冲煮时会从缝隙中漏出，通常会从把手的周围流到咖啡杯里。

· 将滤器从冲煮把手中移出，并放上无孔滤器（cleaning basket），无孔滤器底部没有任何孔洞，通常会随机附送。

· 我建议每次煮完后，使用可以将残留在咖啡机内部的所有咖啡液都清除干净的商用咖啡机清洁剂来清理。假如咖啡液一直残留于咖啡机内，煮出的咖啡会越来越难喝。请遵照制造商的建议使用咖啡机清洁粉。

· 如果使用了蒸气管，也要清洁。

有些人声称他们觉得某部机器制作的咖啡喝起来感觉太干净，需要在清洁之后先煮一两次咖啡，盖掉带有的金属味，笔者从来没有发现这种问题。只要机器充分热机（根据每家机器制造商的建议再加10~15分钟），应该可以马上制作出非常好喝的咖啡。

我建议，不需要使用咖啡机时可直接关掉电源。可用定时器确保你需要的时候能立刻饮用咖啡，但冲煮完成时记得关机。意式浓缩咖啡机的电源保持开启而没有使用，会浪费许多能源。

为了让机器常保最佳工作状态，请确认水源适当。使用硬度偏高的水源，机器中会很快堆积水垢，并造成功能异常。许多机器制造商会就去除水垢提供一些建议，因为即使一些水质较软的区域也会有水垢的问题，虽然生成水垢的时间更长。特别要注意的是，如果水垢堆积得太厚，要自己完成清除工作可能会有困难，你需要专业人士的协助（当然还有额外的费用）。

一段时间之后，橡胶材质的垫圈可能需要更换。锁上冲煮把手时，把手与咖啡机应呈90度的相对位置；如果你需要将把手锁到高于90度的位置，表示橡胶垫圈可能已经老化，该换个新的了。

在佛里斯街（Firth Street）29号的摩卡吧（The Moka Bar）——伦敦第一间意式浓缩咖啡吧内，一群客人围绕着吧台手。它设立于1953年，由意大利女演员吉娜·罗洛布里吉达（Gina Lollobrigida）经营。

# 制作蒸奶
## Steaming Milk

制作良好的蒸奶（steaming milk）与萃取良好的意式浓缩咖啡相结合，会构成十分美好的感官体验。优质奶泡就像液态的棉花糖，其柔软似慕斯般的口感是毫无疑问的绝佳享受。制作蒸奶的目标是要制造非常细小的泡沫，细小到肉眼几乎难以看见（通常称之为微气泡）。优良的奶泡具备弹性，且有很好的流动性，能为卡布其诺或拿铁之类的饮品增添享用的乐趣。

制作蒸奶时使用新鲜牛奶非常重要，即将到达保存期限的牛奶虽然尝起来没什么问题，也不会有健康上的疑虑，却已经失去能制作出稳定奶泡的特质。一开始制作的奶泡看似正常，但很快就会溃散，将已打好的奶泡拉到耳朵旁仔细听时，可能会听见类似倒出苏打水时的嘶嘶声。

制作蒸奶时有两个不同的任务必须完成：首先必须将空气打入牛奶制造出泡泡，同时必须加热牛奶。我们

最好一次只解决一项任务，首先专心制造泡泡，当我们替牛奶加入了足够的空气，同时奶泡的体积也达到理想的位置之后，再将焦点放在加热牛奶上，直到它达到我们理想的温度。

### 正确的蒸奶温度

蒸奶与咖啡结合时最理想的温度一直是许多咖啡馆与客人之间最常争论的主题。牛奶的温度一旦超过68℃，风味及质感就会有无法逆转的衰退。这是因为热度会改变蛋白质的状态进而产生新的风味，这些新的风味不见得是好味道，温度过高的牛奶闻起来好的时候像鸡蛋，不好时会有婴儿吐奶的气味。

一杯原本应该是60℃的卡布其诺，如果做得更烫就会欠缺质感、风味及甜度。牛奶加热到接近沸点时无法产生好的微气泡，很不幸这就是牛奶的本质——这时我们就要做出抉择：到底想要一杯烫口的，还是一杯很美味的饮品？这可不是说所有的饮品都应该以微温的状态供应，而是饮品一旦完成就应该立刻享用。

A

---

## 用全脂还是低脂牛奶？

牛奶中的蛋白质是形成奶泡的主要成分，因此牛奶不论是全脂还是低脂，奶泡都可以打得非常漂亮，但牛奶中的脂肪含量也的确是一个重要的角色：它为饮品的口感加分，同时会改变呈现的风味。使用低脂牛奶制作的卡布其诺，其咖啡味可以立即且明显地展现出来，但是没有后韵；使用全脂牛奶制作时，咖啡味较不集中，尾韵却相对持续较久。笔者建议尽量使用全脂牛奶，也更偏好牛奶分量相对少的饮品，因为我认为较小杯的卡布其诺的风味饱满度更好，是一种饶富乐趣的饮品。

此处教授的技巧适合传统型蒸汽管机种，假如你的咖啡机有其他配件或是制作全自动奶泡的功能，请遵照机器制造商的建议操作。

1. 首先将蒸汽管朝着咖啡机的滴水盘，或用一块布包着同时打开蒸汽阀门，这个叫"吹洗"（purging）的动作会将蒸汽管内部所有的残留物喷出，如图 A。

2. 将冰冷的鲜奶倒入干净的奶泡钢杯中，不要超过杯子 60% 的容量。

3. 将蒸汽管前端稍微埋入牛奶表面底下。

4. 蒸汽阀全开，并缓缓将奶泡钢杯往下放，直到蒸汽管与牛奶刚好接触到。此时请仔细聆听：你应该听到蒸汽管将空气带入牛奶中发出的嘶嘶声。当牛奶膨胀时，再将奶泡钢杯的高度略微往下调，让更多空气进入牛奶中，直到奶泡量达到心中预设的分量。

5. 拥有理想的奶泡量时，用手触碰钢杯应该会感到温温的。此时将蒸汽管喷头埋进牛奶中，开始继续加热，喷头不用埋太深，在表面底下一些即可。将喷头靠在奶泡钢杯的一侧，让内部的

牛奶开始旋转并混合，整个过程发出的声音是相对较小的。

6. 要测试牛奶是否足够热，可以将另一只手放在钢杯底部，之后持续加热牛奶，直到觉得太烫了就停止。此时牛奶的温度大约是 55℃。将手从钢杯底部移开，并继续用蒸汽加热 3~5 秒，时间长短依想喝多热的咖啡而定，如图 B。

7. 完全关闭蒸汽阀，取下奶泡钢杯，用一条干净的湿抹布擦拭蒸汽管，同时在包着抹布的状态下再吹洗一次，将蒸汽管内部残留的牛奶全部喷出。

8. 假如奶泡里有一些很大、看起来很丑的奶泡，别担心，要静置几秒。较粗的气泡比较脆弱，很快就会破掉。你也可以把整个奶泡钢杯垂直轻扣工作台几下，较粗的奶泡就会消失。

9. 将牛奶与奶泡的混合物倒入饮品时，我强烈建议必须确认奶泡与牛奶完全结合。在步骤 8 轻扣台面的动作之后，将奶泡钢杯放在工作台上绕圈旋转，让牛奶与奶泡充分混合。这个动作就好比在品尝葡萄酒时，将杯内的葡萄酒绕圈旋转，可以用稍大的力道，目标是要让两者完全融合，进而产生完美的微气泡。当奶泡表面呈现光滑且带光泽的形态之后，就可以倒入饮品中，如图 C。

# 意式浓缩咖啡
# 专用设备
# Espresso Equipment

各个不同的预算区间都有合适的意式浓缩咖啡机，有适合刚入门者的便宜机种，也有更智能的机种，价格可以买一辆小汽车。不论哪一种设计都是为了做同一件事：将水加热，并将热水以高压推送出去。

咖啡机越贵，质量、操控性及稳定性就会越好。稳定性的主要差异在于咖啡机用何种方式将水加热、制造水压，不同的意式浓缩咖啡机种会采用不同的方式。

## 加热块式咖啡机

加热块式（thermoblock）咖啡机是所有制作意式浓缩咖啡的机种中最便宜的，机器内部有一个可以将水加热的组件。加热块式咖啡机有两种功能：一是将水加热

到适合煮咖啡的温度，二是将水加热到可以产生蒸汽的温度。这代表这台机器一次只能做一件事，我建议先把咖啡煮好，再把机器加热到可以打奶泡的温度，以制作奶泡。

一般来说，加热块式咖啡机很难有稳定的水温，而且不能在煮完咖啡之后立即制作奶泡，因此制作多杯饮品时功能有限，同时让使用者十分挫败。不过假如你有一台不错的磨豆机，这类咖啡机当然也可以制作出不错的意式浓缩咖啡。

加热块式咖啡机常会配备震动泵（vibration pump）制造压力，它有两个缺点：噪声很大，而且提供的压力不太准确。制作意式浓缩咖啡的理想压力大约是9巴，震动泵通常会被设定为更高的压力输出值，而机器制造商也会自豪地宣称他们的机器可以制造出15巴的压力，给人一种压力越大越好的错觉。

这类机器也会配备卸压阀，在超过9巴时释放多余

下图：20世纪50年代的罗马，由穿着体面的咖啡师负责供应客人意式浓缩咖啡。虽然看起来闪闪发光的咖啡机是全场的焦点，但磨豆机品质的重要性却更高。

的压力，但这些卸压阀未必经过精密的校准，可能需要不时微调。我并不建议你拆开机器微调，因为很可能会因此丧失保修资格。

加热块式咖啡机毫无疑问是最受一般大众欢迎也是销售范围最广的咖啡机种，但是许多喜欢制作意式浓缩咖啡的人很快就会感觉受到机器的限制，进而想要升级。

## 热交换式机种

热交换式（heat-exchange）机种在商用意式浓缩咖啡机里较为常见，但也有家用机种。这种机种可以将一个小锅炉内的水加热到接近120℃，这会制造出大量的蒸气，因此可以随时制作蒸奶，不过锅炉内的热水水温过高，所以不适合冲煮咖啡。机器会以泵抽取新鲜的水穿过热水锅炉，这个原理称为热交换。蒸气锅炉的中间通常会设计类似热水管的结构，让冷水通过蒸气锅炉，冲煮咖啡用的水源与蒸气锅炉内的水源是分开的。蒸气锅炉内的热能很快就会传递到冲煮咖啡的水中，将水温提升到理想的冲煮温度。

这类机器通常归类为较专业的消费者型咖啡机（prosumer），因为它兼具一般消费者可承担的价位和更专业的表现。热交换式咖啡机的缺点——尤其以家用机种而言——就是蒸气锅炉的温度改变时，会对冲煮用水的温度有很大的影响；如果希望蒸气更强，你必须让蒸气锅炉的温度更高，但同时也会让冲煮用水的温度升高，假如你希望降低冲煮用水的温度，蒸气的强度就会减弱。许多这类机器利用机械式温度弹片控制蒸气锅炉的温度，但会让蒸气锅炉的水温有较大温差，设计较佳的机种对蒸气锅炉的温度控制得更好。热交换式机种会配备震动式或回转式的泵，回转泵通常出现在商用机种上，运转时比较安静，同时更便于调整压力。但不管使用哪种泵，只要设定在一样的压力值，冲煮表现没有多大差别。

## 双锅炉式机种

双锅炉式（dual-boiler）的概念是指将冲煮咖啡的水与蒸气用水完全分离，单看字面解释，就知道有一套锅炉

和加热组件单独用于冲煮，另一套分开的小蒸气锅炉则会把水加热到更高的温度，制造蒸气以及让水沸腾，沸腾的水还可以拿来泡茶或制作美式咖啡。

咖啡冲煮锅炉中的水温通常会以数字电子式的温控调校，让使用者调整温度更便利、简易，同时提供更高的稳定性。双锅炉式毫无疑问可以做出与任何商用机种同样棒的咖啡，但通常价位也较高。

## 意式浓缩咖啡磨豆机

适合研磨意式浓缩咖啡的磨豆机必须具备两个关键要素：能磨得足够细，能轻易且非常精细地调整研磨粗细。价格较高的磨豆机通常控制性更好，也就是说可以较为精确地调整研磨粗细。磨豆机内部的马达功率较高，让机器运作时更安静。其中顶级的机种是磨盘式磨豆机，机器内部有一组研磨刀盘，研磨出的咖啡颗粒极细、粉末较少，而这些粉末通常是苦味的来源之一。

许多热衷意式浓缩咖啡的人最后都会买一台较小的基础商业用磨豆机，而不是高端的家用机种。其实家用磨豆机也有不错的选择，你可以考虑最理想的"代客研磨"（grind to order）机种，它没有咖啡粉储存槽，而是用一个出粉口将研磨好的咖啡粉直接喷到冲煮把手内的滤器里。

# 意式浓缩咖啡花式饮品
# Espresso-based Drinks

不论大杯小杯、纯饮或加奶，许多花式咖啡饮品都以一杯意式浓缩咖啡为基底。

### 意式浓缩咖啡 （Espresso）

意式浓缩咖啡有许多定义基准，有些极度精准，另一些则较广泛。笔者对意式浓缩咖啡的定义如下：一小杯浓郁的饮品，使用细研磨的咖啡粉，以高水压方式萃取。我还会说意式浓缩咖啡必须带有克丽玛，更精确的要求是，粉水比例大约为1:2。对意式浓缩咖啡的定义，笔者较倾向用广泛的论述，而不是斤斤计较某些细节的对与错。

### 特浓意式浓缩咖啡 （Ristretto）

此咖啡饮品原文名称为ristretto，意大利文代表"受限的量"（restristed），概念是制作一杯比标准意式浓缩咖啡更小杯且更浓郁的咖啡。用相同分量的咖啡粉但相对少的水量萃取，咖啡研磨的粗细度更细，这样才能维持差不多的萃取时间，让咖啡内所有讨喜的香味都能释放出来。

### 长萃取意式浓缩咖啡 （Lungo）

近来，长萃取意式浓缩咖啡对精品咖啡产业而言较不时兴。制作时使用意式浓缩咖啡机，以相同分量的咖啡粉，但是用两到三倍的水量萃取，煮出较大杯的饮品，尝起来较稀薄。对品尝经验较多的消费者来说，长萃取意式浓缩咖啡较缺乏丰厚度及口感，通常喝起来很恐怖，有较多苦味及烟尘味。

但最近的精品咖啡产业中也有股潮流：用长萃取法煮较浅烘焙的咖啡豆，煮出的咖啡具有高度复杂性及均衡感，笔者也觉得很美味。假如你曾因某种意式浓缩咖啡配方的酸味该如何平衡而感到困扰，可以尝试长萃取的方式，研磨粗细度必须稍粗一点，让水流速度略快以避免过度萃取。

### 玛奇朵 （Macchiato）

这个饮品的名称来自一个概念：将意式浓缩咖啡以少许的奶泡做个"记号"（marking）。在意大利常见一位非常忙碌的咖啡师面前有数杯意式浓缩咖啡，假如其中

有一位客人喜欢加少许牛奶，咖啡师会倒入一小撮奶泡当作记号。假如你单纯倒一点点牛奶至刚做好的意式浓缩咖啡内，牛奶很快就会在克丽玛中消失，难以用肉眼判断这杯饮品是什么。

约莫10年前，许多以质量为主要考量因素的咖啡馆对玛奇朵做了一些不一样的改变，他们把玛奇朵定义为在意式浓缩咖啡上直接以奶泡覆盖的饮品，通常消费者要求才会这么做。这样的消费者想要的是稍微大杯、风味不那么浓郁、较甜的饮品，但有些咖啡师则为了炫耀能在非常小的杯子里拉花而制作玛奇朵。

有个让人容易混淆的例外，星巴克有种饮品被称为焦糖玛奇朵（Caramel Macchiato），这是一种截然不同的饮品，比较接近拿铁咖啡，只是表面以焦糖酱做记号。这个名称会使某些消费者混淆，尤其在北美洲，因此有些咖啡馆会特别标示他们制作的是传统的玛奇朵。

### 卡布其诺 （Cappuccino）

关于卡布其诺咖啡仍然有许多传说，以前卡布其诺的名称常让人联想起古代僧袍的颜色或修士头顶光秃的发型，但是这个说法打破了以下传说：卡布其诺的旧称kapuziner是19世纪来自维也纳的一种饮品，由小份咖啡与牛奶或鲜奶油混合后，变成类似古代僧袍的褐色色调，一开始这个名称其实只代表饮品的浓郁度。

另一个关于卡布其诺的近代传说是所谓的"三分法则"（rule of thirds）：传统的卡布其诺咖啡必须是三分之一的意式浓缩咖啡，配上三分之一牛奶与三分之一奶泡。我在咖啡生涯的一开始也是这样被教导的，虽然这个法则一点儿根据也没有。我翻阅过很多关于咖啡的书籍，第一本提到卡布其诺三分法则的书籍诞生于20世纪50年代，书中描述卡布其诺咖啡是"以意式浓缩咖啡与相同分量的牛奶及奶泡互相混合的饮料"，同样的句子在这本书里一字不差地出现过许多次。这个描述方式有点儿模棱两可，你可以理解为只有牛奶与奶泡是相同比例的，也可以认为咖啡、牛奶与奶泡都要用相等比例，因此制作的比例不见得要设定在1:1:1，也有可能是1:2:2。一杯卡布其诺的总容量大约为150~175毫升，先制作一份意式浓缩咖啡，然后以1:2:2的比例来做的方法其实由来已久，在意大利及欧洲部分地区的非快餐连锁店里仍然随处可见。这种饮品做得好时极度美味。

我认为一杯杰出的卡布其诺咖啡是所有加奶饮品中的顶尖代表，饱满扎实的奶泡层与甘甜温暖的牛奶，以及经过良好萃取的意式浓缩咖啡，这三者结合在一起是种极致的享受。卡布其诺接近微温时尝起来会更甜，我喝过的最棒的卡布其诺，其好喝的程度让人两三下就一饮而尽，当然在咖啡温度还很高时不可能出现这种情形。

### 拿铁咖啡（Caffè Latte）

这种饮品并非源于意大利，当意式浓缩咖啡首次传播到世界各地时，对大多数人来说它是种充满苦味、味道浓郁而不寻常的咖啡。对某些人而言，意式浓缩咖啡的苦味是种困扰，而加入热牛奶能让这种饮品更甜、不

那么苦，拿铁咖啡就是为了满足那些想要风味浓郁度较低的客人而发明的咖啡饮品。传统上，拿铁比卡布其诺有更多液态的成分，咖啡的味道不那么浓郁，通常奶泡也较少。我一直很小心地将拿铁咖啡称为Caffè Latte而不是Latte，因为在意大利旅行时，若是张口点一杯Latte，就会有点儿糗地只得到一杯牛奶。

### 小杯浓拿铁咖啡（Flat White）

不同的咖啡文化会产生不同的咖啡饮品，虽然小杯浓拿铁咖啡到底是澳大利亚还是新西兰发明的仍有争议，但不可否认的是，这种饮品由从大洋洲、亚洲地区旅居至欧洲及北美洲并在当地开店的人散播出去。在英

国，这个名词先出现在一些注重质量的咖啡馆的供应单中，随后主流连锁店才开始采用，把它放到供应单中。不过这种饮品的出身也许更低下，20世纪90年代，在意大利以外的大部分地区，卡布其诺的顶端通常有一大团干燥如蛋白霜（meringue-like）的泡沫。有时这会让咖啡的顶端看起来像一座山，有时人们会仔细地用巧克力粉装点。许多消费者买了一杯咖啡，但对里面大部分都是空气的

---

**一天一杯卡布其诺**

意大利有个传统，一天之中只有早晨会来一杯卡布其诺，其他时间只喝意式浓缩咖啡。我相信这是一种充分反映节食文化的有趣模板，许多意大利人和大部分南欧民族都有乳糖不耐症，但还是可以饮用少许牛奶，所以才会一天一杯卡布其诺。如果一天喝上两三杯，即便是像意大利那样小杯的分量，也可能导致消化系统的不适，因此在意大利文化中避免超量饮用牛奶的方法，就是把它变成小小的文化禁忌，让人们一天只能喝一杯卡布其诺。

长萃取意式浓缩咖啡

玛奇朵

美式淡咖啡

小杯浓拿铁咖啡

特浓意式浓缩咖啡

卡布其诺

拿铁咖啡

意式浓缩咖啡

成分感到不满，开始要求一杯平坦、白色的咖啡，没有泡沫，单纯只有咖啡与牛奶。很快这就形成一种文化，尤其当人们更注重饮品质量时，它对牛奶的质感及拉花艺术也有更多的要求，小杯浓拿铁咖啡被重新定义为一种美味的咖啡饮品。

笔者对小杯浓拿铁咖啡能做出的最佳阐述是：它是一小杯较浓郁的拿铁咖啡，应该具备较浓郁的咖啡风味，通常使用双份特浓意式浓缩咖啡或是双份意式浓缩咖啡作为基底，以热牛奶覆盖，制作出总容量150~175毫升的饮品，牛奶中只加入少许奶泡，这种方式会更便于应用拉花艺术。

## 美式淡咖啡（Caffè Americano）

故事起源于第二次世界大战，美军行进在意大利境内时发现意式浓缩咖啡太过浓郁，于是要求吧台师在意式浓缩咖啡中加入一些热开水，稀释到美军在家乡喝到的那种浓度，后来就称其为美式淡咖啡。

虽然有点类似滤泡式咖啡，笔者认为美式淡咖啡喝起来口感较差，但是对咖啡馆的老板来说，美式淡咖啡有类似滤泡式咖啡一般的浓郁度，又不需要添购额外的设备，因此仍然广受欢迎。

关于制作美式淡咖啡，笔者的建议非常简单，在杯子中倒入新鲜干净的热开水，再倒入双份意式浓缩咖啡即可。假如你的意式浓缩咖啡机有蒸气锅炉，可以直接从蒸气锅炉里取用热水。不过如果你有很长一段时间不曾取用蒸气锅炉内的水，水的味道或许就不那么讨喜了。

有些人声称不应该在意式浓缩咖啡里加入非常滚烫的热水，要让意式浓缩咖啡从机器直接流入热水中。笔者则认为两者并无多大差异，这种做法只会让咖啡看起来较为清澈或更美观。

将意式浓缩咖啡稀释有个缺点：你喝到的苦味会多一点，因此当你冲煮完美式淡咖啡时，笔者建议你立刻捞除上方的克丽玛。克丽玛虽然看起来很漂亮，但其中有许多细小的咖啡粉，有可能造成杯中的苦味。在搅拌及饮用美式淡咖啡前先刮除克丽玛，这个动作绝对会让你的美式淡咖啡有更好的风味（笔者也建议你在品尝意式浓缩咖啡时刮除上层的克丽玛，差异非常明显。虽然笔者本身更偏爱没有克丽玛的意式浓缩咖啡，但也不希望多此一举，会倾向在有克丽玛的状态下饮用。而饮用美式淡咖啡时，我认为这个额外的动作很值得）。

## 科达多咖啡（Cortado）

这是少数并不源自意大利的咖啡饮品之一，它的发源地是西班牙，最有可能是马德里，因为在马德里到处可见科达多咖啡的踪影。传统上西班牙人会将意式浓缩咖啡煮成较多的分量，浓度比意大利人淡一些。要做一杯科达多咖啡，你需要30毫升的意式浓缩咖啡，加上相同分量的奶泡。科达多咖啡通常会装在玻璃杯内。这种饮品似乎已经散布到世界各地，在不同的地方有不同的新定义，但本书中介绍的是科达多咖啡的基本概念。

# 在家烘焙咖啡
## Home Roasting

在过去,买咖啡生豆在家烘焙是很普遍的现象,但是自 20 世纪中叶以来,人们开始追求便利性,在家烘焙咖啡豆充满乐趣且相当便宜,但与商业咖啡烘焙相比,其质量和稳定性会有不小的落差。

相比购买熟豆,在家烘焙咖啡豆的优点是你不需要一次烘太多,这样我们就可以发掘、了解更多不同豆子的味道。请把烘焙咖啡豆当作一种纯粹的嗜好,就跟其他嗜好一样,你可能会烘出极糟糕的咖啡,也可能会烘出令人意外的美味咖啡,但如果你是为了省下买熟豆的钱而自己烘焙咖啡豆,这种想法就大错特错了。时间、设备上的投入意味着你享受烘焙以及学习的过程,而不仅仅是在做一种家务事。越来越多的公司在线上销售生豆,虽然生豆的保质期比熟豆长,但我还是不推荐一次买太多,生豆也会因存放时间过长而流失美好的风味,所以我建议买来之后在 3~6 个月之内把它用完。至于该怎么挑选生豆,我建议购买有产销履历的咖啡生豆(详见每个国家的咖啡指南),我也会推荐在同时销售生豆和熟豆的公司购买生豆,这样你可以跟商业烘焙的品质做比较,判断自己是否在不断进步。

### 家用烘豆机

只要是能制造出足够热量的机器,几乎都可以用来烘焙咖啡豆。比如,你可以把咖啡生豆放在烘焙纸上,然后放进烤箱中烤,直到它们变成咖啡色。但这样做的结果会非常糟糕,因为咖啡豆在烤箱中受热不均匀,咖啡生豆接触烤盘的一侧很容易焦。这个结果告诉我们,想要得到受热均匀的咖啡豆,在烘焙的过程中需要不停地搅动咖啡豆。那么用炒菜锅烘焙生豆呢?这是可行的,但需要不停地翻搅,枯燥的搅动过程会让人觉得疲惫和沮丧。

许多人会使用稍微精致一点的方式来烘焙生豆,比如使用加热枪,一边烘焙一边搅动。也有人会使用改装过的爆米花机,二手的爆米花机很便宜,拿来用作咖啡烘焙机效果也不错,使用爆米花机烘焙少量的生豆时,一次只需 4~5 分钟。不过爆米花机在浅度烘焙时会比较不均匀,但对于喜欢深度烘焙的人来说,使用爆米花机烘焙咖啡豆能得到他们想要的效果。但是请注意,它原本的设计是用来制作爆米花的,所以有些型号或许没有足够的动能来烘焙咖啡豆。

如果你想在家成功地烘焙出好喝的咖啡,请选择一台专门为咖啡烘焙而设计的机器,先从只能烘焙比较少量咖啡豆的机器入手,看看你是否享受整个烦琐的烘焙过程。从这个点切入是简单且有趣的,即使最后你决定将这个步骤留给专业的人士来执行,我相信你也不会后悔。市面上常见的家用烘焙机有两种:热风式烘豆机及鼓式烘豆机。

### 热风式烘豆机

热风式烘豆机就是缩小版的商业用浮风床式烘焙机(请见 60 页),效果就像强力的爆米花机。它吹出的热气流搅动着咖啡豆,让咖啡豆在烘焙室中不停地移动,这能让咖啡豆被均匀加热,同时咖啡豆会开始变成棕色。这样的机器允许你在一定范围内调整风量和热量,可以加快或减慢烘焙的节奏。热风式烘豆机比鼓式烘豆机要便宜,是入门者的绝佳选择。

尽管有些机器型号可以消除烘焙时产生的烟雾与气味,但我仍建议烘焙时选择通风较好的地方。若你在空气较冷的室外烘焙咖啡豆,烘焙的过程就可能会拉长。

### 鼓式烘豆机

家用鼓式烘豆机与商用鼓式烘豆机的设计非常相

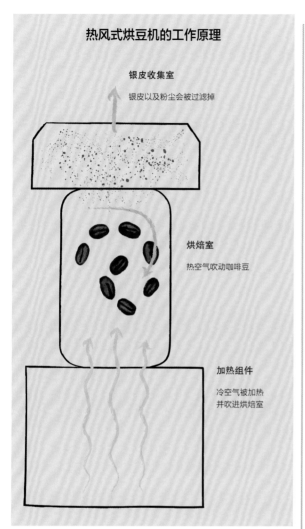

## 热风式烘豆机的工作原理

**银皮收集室**
银皮以及粉尘会被过滤掉

**烘焙室**
热空气吹动咖啡豆

**加热组件**
冷空气被加热
并吹进烘焙室

似，只是材质以及厚实程度有所不同。工作时咖啡豆会在烧热的滚筒中旋转搅拌，这样可以让咖啡豆烘焙得更加均匀。有些鼓式烘豆机会加装程序控制功能，让你建立自己专属的烘焙数据库。通过程序设定，在烘焙的不同阶段让机器使用不同程度的热能来控制烘焙，这样可以轻松复制出我们喜欢的烘焙效果。

上图：就像其他所有的嗜好一般，在家烘焙咖啡豆有时会失败，有时也会有令人惊喜的成果。但是假如你想要尝尝不同咖啡豆的味道，做这样的实验是值得的。

### 完美的烘焙

理想状态下，使用热风式烘豆机的总烘焙时间应该在8~12分钟，使用鼓式烘豆机则会慢一些，大约10~15分钟，时间的长短取决于批次容量的大小。如果烘出来的咖啡豆尝起来非常苦，可能是烘得太深了；如果缺乏风味与甜味，可能是烘得太久了；如果尝起来有尖锐的酸味、草味以及涩感，可能是烘焙得太快。大量的品尝加上一些试错的经验是必要的过程，能让你更了解自己对风味的偏好。

第三章

# 咖啡产地
**Coffee Origins**

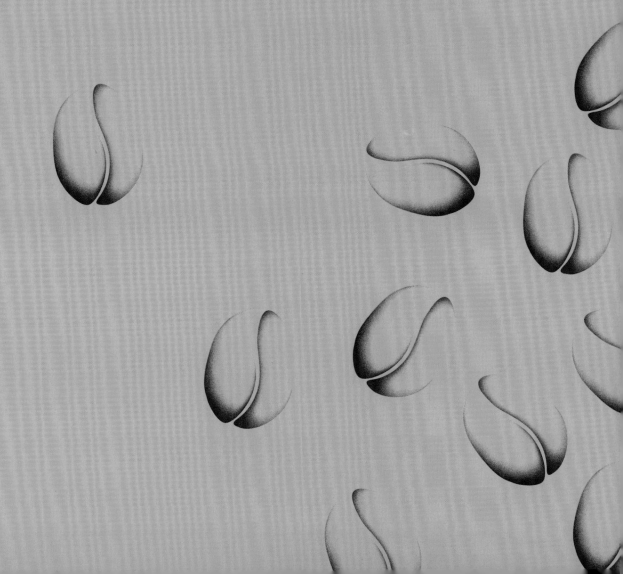

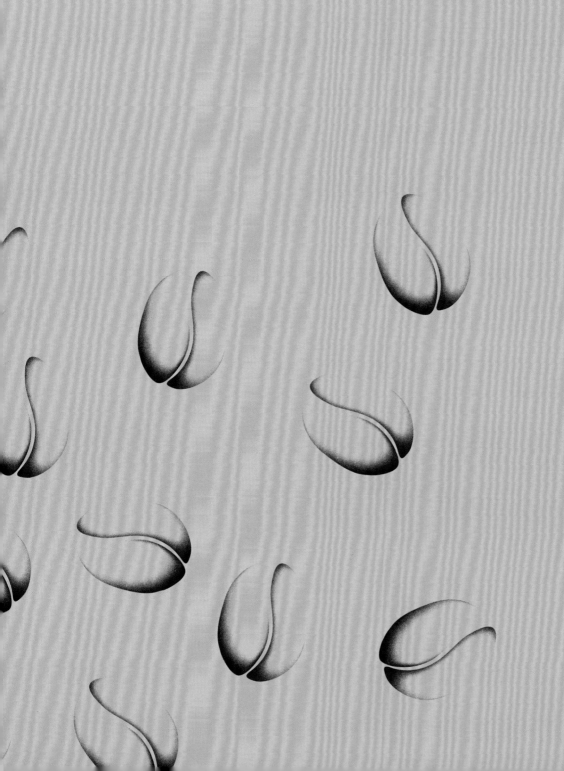

# 非 洲

　　即便一般认为咖啡的原生地是埃塞俄比亚，但在非洲中部和东部也都有大量的咖啡树种植。来自肯尼亚、布隆迪、马拉维、卢旺达、坦桑尼亚和赞比亚的咖啡豆都已建立起稳固的外销市场。各国在咖啡树种植的技巧和品种上各具特色，为买家提供了多样化的选择。以下各章就各国重要的咖啡产区进行讨论，并根据各区的采收过程、咖啡风味特征、产销履历等做出说明。

# 布隆迪 Burundi

20世纪20年代，在比利时殖民时期，咖啡来到了布隆迪。1933年起，殖民政府规定每名农民必须照料至少50棵咖啡树。1962年布隆迪独立时，咖啡的生产开始转为私营；1972年随着政局变化又转为公营；1991年起再次逐渐回到私人手中。

咖啡树的种植在布隆迪稳定成长，但1993年的内战使产量急剧下降。从那时起，布隆迪开始致力于增加咖啡的产量与价值。对咖啡产业的投资被视为当务之急，原因是布隆迪的经济因长期内战已支离破碎。就2011年的统计数字来看，布隆迪的人均国民所得为全球排名倒数几位，90%的国民倚赖农耕维持生计。咖啡与茶的总出口量占外汇收入的90%。

咖啡产量如今逐渐恢复，不过还是无法达到20世纪80年代早期时的数量。但是布隆迪咖啡产业的未来依旧充满希望。全国65万个家庭以咖啡生产为生，通过改善咖啡质量以提升收入的各项运动更是有利无弊。不过政治动荡的局势仍令人忧心忡忡。

布隆迪的地理环境十分适合种植咖啡。境内多山，拥有合适的海拔高度与气候。境内并无咖啡庄园，布隆迪咖啡豆主要由众多小农户生产。近年来这些小型生产者益发具有组织性，他们多半会聚集在境内160家湿处理厂的周遭。这些湿处理厂有三分之二为国营，其他则为私有，每家湿处理厂平均处理从数百到最多两千位生产者的咖啡豆。

不同产区内的湿处理厂也会各自组成管理合作单位（Sociétés de Gestion des Stations de Lavage，简称SOGESTALs），基本上就是湿处理厂管理协会。协会的主要功能是在区内提供更好的硬件设备，对近年来布隆迪咖啡质量的提升着实功不可没。布隆迪最好的咖啡都是通过水洗法处理，多半属波旁种，不过也有其他品种。布隆迪与邻国卢旺达有许多相似之处；除了类似的海拔高度与咖啡品种，两者都是内陆国，若要将咖啡生豆在最好的状态下迅速外销到消费国，会有一定阻碍。和卢旺达一样，布隆迪的咖啡也容易出现马铃薯味的缺点。

## 产销履历

直到近几年，每个SOGESTAL下属的湿处理厂都混合处理生豆。许多来自布隆迪的咖啡仅能追溯到各自的SOGESTAL，即其原产区。

2008年起，布隆迪开始朝精品咖啡产业转型，促使更多如直接贸易及产地可溯源的采购方式出现。2011年，布隆迪举办了名为声望杯（Prestige Cup）的咖啡质量竞赛，这也是正式举办更具规模的卓越杯（Cup of Excellence）之前的前导赛。来自各湿处理厂的咖啡豆被分别储存，并依质量排名，之后在拍卖会售出，咖啡豆都带有产销履历。这也意味着布隆迪独特而优质的咖啡豆会逐渐出现在市面上，对质量的提升极有帮助。

### 咖啡口感

来自布隆迪的优质咖啡会带有复杂的莓果味以及鲜美如果汁般的口感。

## 产　区

人　口：11 179 000人

2016 年产量（60 千克／袋）：351 000 袋

　　布隆迪国土狭小，因此并没有明确的产区范围。只要地理环境与海拔位置恰当，全境都能种植咖啡树。国内分为不同省份，咖啡园都聚集在湿处理厂周围。

### 布班扎（Bubanza）

　　此区位于布隆迪西北部。

海　拔：平均1 350米

采收期：4月~7月

品　种：波旁、Jackson、Mibrizi与部分SL系统品种

### 布琼布拉乡村（Bujumbura Rural）

　　位于布隆迪西部。

海　拔：平均1 400米

采收期：4月~7月

品　种：波旁、Jackson、Mibrizi与部分SL系统品种

### 布鲁里（Bururi）

　　此区位于布隆迪西南方，也是三个国家公园的所在地。

海　拔：平均1 550米

采收期：4月~7月

品　种：波旁、Jackson、Mibrizi与部分SL系统品种

### 锡比托凯（Cibitoke）

　　位于布隆迪最西北端，与刚果民主共和国为邻。

海　拔：平均1 450米

采收期：4月~7月

品　种：波旁、Jackson、Mibrizi与部分SL系统品种

### 基特加（Gitega）

　　位于布隆迪中部的产区，也是两个国营干式处理场的所在地之一。处理场的主要任务是在外销前做最终处理与质量管理。

海　拔：平均1 450米

采收期：4月~7月

品　种：波旁、Jackson、Mibrizi与部分SL系统品种

### 卡鲁济（Karuzi）

　　位于布隆迪中部偏西处。

海　拔：平均1 600米

采收期：4月~7月

品　种：波旁、Jackson、Mibrizi与部分SL系统品种

### 卡扬扎（Kayanza）

位于北部，与卢旺达相邻，是境内湿处理厂密度第二高的产区。

海　拔：平均1 700米
采收期：4月~7月
品　种：波旁、Jackson、Mibrizi与部分SL系统品种

### 基龙杜（Kirundo）

此区位于布隆迪北端。

海　拔：平均1 500米
采收期：4月~7月
品　种：波旁、Jackson、Mibrizi与部分SL系统品种

### 马坎巴（Makamba）

位于布隆迪南部的省份之一。

海　拔：平均1 550米
采收期：4月~7月
品　种：波旁、Jackson、Mibrizi与部分SL系统品种

### 穆拉姆维亚（Muramvya）

位于布隆迪中部的一个小产区。

海　拔：平均1 800米
采收期：4月~7月
品　种：波旁、Jackson、Mibrizi与部分SL系统品种

### 穆因加（Muyinga）

位于东北部与坦桑尼亚边界处。

海　拔：平均1 600米
采收期：4月~7月
品　种：波旁、Jackson、Mibrizi与部分SL系统品种

### 穆瓦洛（Mwaro）

另一个位于布隆迪中部的小产区。

海　拔：平均1 700米
采收期：4月~7月
品　种：波旁、Jackson、Mibrizi与部分SL系统品种

### 恩戈齐（Ngozi）

咖啡生产最为密集的产区，位于布隆迪北部，全国25%的湿处理厂均在此地。

海　拔：平均1 650米
采收期：4月~7月
品　种：波旁、Jackson、Mibrizi与部分SL系统品种

### 鲁塔纳（Rutana）

位于布隆迪南部，Mount Kiziki以西。区内有一家湿处理厂。

海　拔：平均1 550米
采收期：4月~7月
品　种：波旁、Jackson、Mibrizi与部分SL系统品种

上图：布隆迪咖啡采收工将收成带到卡扬扎湿处理厂进行处理。

# 刚果民主共和国
# Democratic Republic of The Congo

早在 1881 年就已有咖啡从利比里亚传入刚果民主共和国，但直到 1898 年比利时殖民者发现了一个新的品种，咖啡才在这里开始被种植生产。尽管经历纷乱的历史，现在的刚果民主共和国已被认定为新兴的精品咖啡生产国，虽然还面临着许多挑战，但很多人对在这里种植的咖啡豆的未来抱有很高的期望。

**18**98年，当时的比利时殖民者在刚果发现了一个新的树种 Coffea Canephora，因其健壮的体质而被称为"罗布斯塔"（详情请见 12 页），在比利时的殖民统治下，咖啡的种植开始快速增长。1960 年刚果独立之前，咖啡种植大多不是以小农为单位，而是以庄园的形式生产。独立之前总计有 26 个研究站点及多达 300 位专业人士在比利时刚果国家农业研究机构中和包括咖啡在内的农业种植领域进行合作，正因如此，当时刚果的农业得到了很好的支持与资助。

1960 年刚果民主共和国独立，来自政府方面的资助锐减，20 世纪 70 年代，由于刚果在国际上的边缘化及缺乏基础设施，咖啡种植量开始下滑。到 1987 年，只有 14% 的咖啡产自庄园，到 1996 年只剩下 2%。然而在 20 世纪 70 年代及 80 年代，由于自由市场以及政府通过降低关税来维持咖啡产业的措施，刚果的咖啡产量有了爆炸式的增长。

对这个国家和它的咖啡产业来说，20 世纪 90 年代是一段黑暗时期。从 1996 年到 2003 年，刚果爆发了两次内战，咖啡的产量锐减，叶落病（coffee wilt disease）的蔓延更加剧了咖啡产量的衰退。20 世纪 80 年代晚期到 90 年代早期的咖啡产量减少了一半，罗布斯塔这一

下图：基伍地区的人在清洗成熟的咖啡樱桃果。刚果民主共和国的咖啡在国际市场消失了许多年，但近期他们试图重回国际市场。

主要咖啡品种大面积感染叶落病。

基础设施的建设对刚果来说仍然是巨大的挑战，人们希望咖啡可以成为国家经济复苏的希望，努力从过往的战争和暴力事件中解脱出来。政府及非政府组织（NGOs）大量投资咖啡产业，让人们对种植咖啡燃起了希望。这个国家的土壤、海拔和气候孕育了风味独特的咖啡，这样的特质非常值得我们去探寻与支持。

## 产销履历

刚果民主共和国几乎所有的咖啡豆都由小农或者合作社生产，我们几乎看不到单一庄园生产的咖啡豆，而且单一庄园生产的咖啡豆通常品质不太好。

## 咖啡口感

刚果民主共和国最棒的咖啡会有愉悦的水果感，喝起来会有甜感及令人愉悦的醇厚度。

下图：1991年仍属比利时殖民地的刚果用麻布袋装咖啡豆，准备出口。

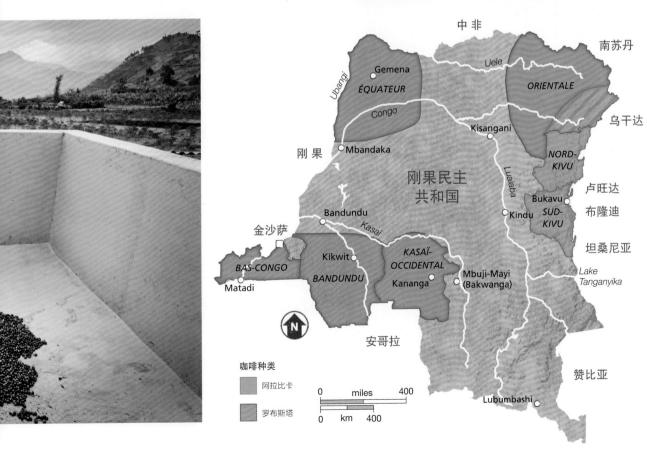

# 产区

人　口：82 243 000人

2016年产量（60千克／袋）：335 000袋

刚果民主共和国种植最多的是罗布斯塔，有些地区种植阿拉比卡，有些地区混合种植这两种咖啡豆。

## 基伍产区（Kivu）

这一地区包括三个省份：北基伍省、南基伍省和马涅马省，全部围绕着基伍湖(Kivu Lake)，这面湖也是这一地区名称的来源。在这一地区，海拔比较高的部分种植阿拉比卡。这一地区的咖啡是整个刚果民主共和国中最棒的，值得仔细探询。

海　拔：1 460~2 000米

采收期：10月~次年9月

品　种：多数是波旁

## 东方产区（Orientale）

位于国境东侧，大多种植罗布斯塔，只有一小部分种植阿拉比卡。

海　拔：1 460~2 200米

采收期：10月~次年9月

品　种：罗布斯塔及波旁

## 刚果中部产区（Kongo Central）

位于刚果最西部，前身是Bas-Congo，生产的咖啡数量不多，全部都是罗布斯塔。

采收期：3月~6月

品　种：罗布斯塔

## 赤道省产区（Equateur）

位于国境的西北，咖啡产量颇大，绝大多数是罗布斯塔。

采收期：10月~次年11月

品　种：罗布斯塔

右图：基伍湖附近的一位女性在去咖啡农园的路上。基伍高地产区产出的阿拉比卡咖啡被认为是现在世界上最好的咖啡之一。

# 埃塞俄比亚 Ethiopia

在所有的咖啡生产国中，埃塞俄比亚可能是最引人注意的一个。境内产出独特而出众的咖啡，与当地咖啡相关的神秘传说更增添其魅力。带着奔放的花香与果香的埃塞俄比亚咖啡让许多咖啡从业人员对咖啡口感的多样性大开眼界。

埃塞俄比亚是公认的咖啡发源地，不过这句话得加上一些说明。阿拉比卡系最初很有可能是在苏丹南部被发现，却到散布至埃塞俄比亚时才逐渐蓬勃发展起来。这里的人一开始食用咖啡果实，起初是当作水果而非饮品。也门是第一个把咖啡树当作种植作物的国家，但是埃塞俄比亚在更早之前就已经采集野生咖啡果实了。

咖啡可能早在17世纪最初的几年便自埃塞俄比亚输出，正是咖啡馆出现在也门与中东各处之时。当时欧洲商人即便有兴趣购买，也会遭到断然拒绝。随着咖啡种植开始出现在也门、爪哇岛以及美洲，埃塞俄比亚咖啡的热潮开始消退。当时的埃塞俄比亚咖啡其实是来自

## 埃塞俄比亚的咖啡生产系统

埃塞俄比亚咖啡可依种植方式分为三类。

### 森林咖啡

这类野生咖啡树多半生长在埃塞俄比亚的西南部，周遭通常被众多具荫庇功能的植物围绕，咖啡树本身也由多个品种混种而成。繁殖力与产量不如其他人工选育的高产量品种。

### 庭院咖啡

这类咖啡树通常种植在人畜居所的周遭，天然荫庇物较少，对这类荫庇树丛的管理也较为积极，例如频繁整枝，使咖啡树不致过度遮蔽。许多生产者会施肥。埃塞俄比亚咖啡多属此类型。

### 大型农场咖啡

这类咖啡来自种植密集的大型农地。采用标准化农耕方式，包括整枝、腐土覆盖，会施肥，并选用高抗病力品种。

上图：埃塞俄比亚一直是公认的咖啡发源地。图中是位于埃塞俄比亚 Lalibella 镇 Wollo 区的一名女子，正进行一项古老的咖啡仪式。

Kaffa 与 Buno 区的野生咖啡树，而非咖啡园。

埃塞俄比亚咖啡再度受到瞩目要到 19 世纪初期，历史文献上记载当时自 Enerea（今埃塞俄比亚）输出 10 000 千克的咖啡。到了 19 世纪，埃塞俄比亚咖啡已有两种不同的等级：Harari 咖啡（在 Harrar 镇周遭种植）以及 Abyssinia 咖啡（生长在前者以外区域的野生咖啡）。正因如此，长久以来来自 Harrar 的咖啡豆声望较高，不但广受欢迎，且以高质量著称（但不仅如此）。

20 世纪 50 年代是埃塞俄比亚咖啡产业制度扩张的时代，当时也出现了新的分级系统。1957 年，埃塞俄比亚咖啡委员会（National Coffee Board of Ethiopia）成立。不过，海尔·塞拉西一世（Emperor Haile Selassie）政府在 20 世纪 70 年代被推翻后开始出现改变。此次政变并非由农民发起，而是由那些厌倦了饥荒与政治冲突的精英阶层推动。权力真空状态之后由受到社会主义强烈影响的军方填补。

在此之前，埃塞俄比亚一直处于锁国状态，政府实行类似封建制度的政治体系。新的做法之一是将土地重新分配，政府也立即展开土地国有化。有些人认为这种做法对人民非常有利，使偏远贫农的收入增加近 50%。激进的马克思主义不允许土地私有或雇用劳工，对咖啡产业造成极为深远的影响。大规模农耕方式被舍弃，埃塞俄比亚又回到原本采集野生咖啡的时代。20 世纪 80 年代饥荒频发，波及 800 多万人，更造成其中 100 万人死亡。

在这个埃塞俄比亚的咖啡工厂中，咖啡豆的分级由图中这些女子以人工方式进行。埃塞俄比亚咖啡豆的风味相当广泛，原因是不同产区的气候差异。

## 迈向民主

1991年，埃塞俄比亚人民革命民主阵线推翻了军政府。随之而来的是一连串自由运动，国家也开始走向民主。埃塞俄比亚进入国际市场，也带来市场价格的波动。咖啡农面对的是起伏极大且无法控制的市场价格，这促使共同合作社兴起，为会员提供资金、市场信息与运输上所需的帮助。

## 埃塞俄比亚农作物交易平台

埃塞俄比亚咖啡产业近年来最大的变革是2008年成立的埃塞俄比亚农作物交易平台（Ethiopian Commodity

**右图:** 过去很难追溯来源的咖啡豆，如今质量与产地信息变得更为透明。这使消费者得以了解咖啡的出处与采收方式，进而做出明智的选择。

# 产　区

**人　口:** 102 374 000人

**2013年产量（60千克／袋）:**
6 600 000袋

埃塞俄比亚的产区名称在咖啡产业中算是最具知名度的，如今在销售时被广泛使用，在可预见的未来相信也不会改变。此地原生及野生的阿拉比卡咖啡拥有的基因潜能使埃塞俄比亚咖啡产业的未来发展值得期待。

### Sidamo

埃塞俄比亚政府为了加强宣传境内咖啡的独特性，在2004年为三个产区名称申请了专利；Sidamo便是其中之一（另外两个为Harrar与Yirgacheffe）。来自Sidamo的咖啡多是混合了水洗与日晒处理的咖啡，相当受喜好果味十足且香气丰富的咖啡迷的欢迎。

该产区以"西达摩人"(Sidama)命名，在咖啡领域中我们通常称Sidamo。近年来有些人反对使用Sidamo，因为这个字含有贬义。但对咖啡这个行业来说，它只是一个品牌。因此，Sidamo或者Sidama都可以用来指在这个产区生长的咖啡。此区也有埃塞俄比亚海拔最高的咖啡。

**海　拔:** 1 400~2 200米
**采收期:** 10月~次年1月
**品　种:** 原生品种（Heirloom）

### Limu

即便名声不如Sidamo与Yirgacheffe，Limu依旧有不少出色的咖啡。此区生产者规模多半较小，却有几座国营的大型咖啡园。

**海　拔:** 1 400~2 200米
**采收期:** 11月~次年1月
**品　种:** 原生品种

### 季马（Jima）

埃塞俄比亚多数咖啡都产于位于西南部的此区，近来因其他产区兴起而相形见绌，但绝对值得一探究竟。本区名称也能写成"Jimmah""Jimma"或"Djimmah"。

**海　拔:** 1 400~2 000米
**采收期:** 11月~次年1月
**品　种:** 原生品种

Exchange，简称ECX），引起了精品咖啡买家的极大关注。ECX涵盖多种农作物，旨在促使交易系统更有效率，并保护卖家与买家的权益。不过这一制度却给那些想购买风味独特且具产销履历的咖啡而非商品化产品的买家带来很大挫折。这些咖啡送到ECX的仓库后会以数字1~10标示水洗咖啡产区来源。所有经日晒处理的咖啡都会标注数字11，之后会依质量的不同分为1~9级，或以UG表示未分级。

此程序牺牲了进入拍卖会前的原产地信息，但好处是农民确实比过去更早就能得到贩卖咖啡豆的款项。这样的系统也对哪类咖啡可以贩卖到国际市场做出了规范，合约上的财务透明化程度也顺势提高了。

如今有更多机会可以在ECX体制之外运作，消费者因此能在国际市场上买到更多高质量且具产销履历的咖啡。

## 产销履历

来自单一庄园的埃塞俄比亚咖啡并不是没有，只是相对较少。产销履历多半可追溯到特定的共同合作社。咖啡烘焙业者很可能从ECX买咖啡，虽然少了产销履历，但通常表现同样出色。这类咖啡口感多半妙不可言，我的建议是找到一家你喜爱的咖啡烘焙业者，再请该业者针对其中最优异的种类给出建议。

### 咖啡口感

埃塞俄比亚咖啡的口感十分多样化，有柑橘（如佛手柑）、花香到糖渍水果甚至热带水果的气息。最佳水洗咖啡可能表现出优雅、复杂而美味的气息，而最佳的日晒处理的咖啡则会呈现出奔放的果香与不寻常的迷人气息。

### Ghimbi / Lekempti

围绕着Ghimbi与Lekempti两城的产区名称常合并出现。咖啡烘焙业者可以择一使用或兼用两者。Lekempti是此区首府，但使用此名称的咖啡豆可能来自100公里以外的Ghimbi城。

海　拔：1 500~2 100米
采收期：2月~4月
品　种：原生品种

### Harrar

此区围绕在小镇Harrar周遭，是埃塞俄比亚历史最悠久的咖啡产区之一。来自本地的咖啡豆口感相当独特，多半种在需要额外人工灌溉的区域。长久以来Harrar产区维持了良好的声誉，即便经过日晒处理的咖啡口感可能让人觉得不够纯净，带着木头味般的土壤气息到明显的蓝莓果香。此区咖啡的口感如此特殊，常令咖啡从业人员印象深刻，许多人认为这一咖啡产区让他们对杯中口味的多样性大开眼界。

海　拔：1 500~2 100米
采收期：10月~次年2月
品　种：原生品种

### 耶加雪啡（Yirgacheffe）

此区的咖啡可说无比独特。众多来自耶加雪啡的水洗咖啡都带着爆炸性的香气、丰富的柑橘与花香气息，口感清淡优雅。毫无疑问，这里是最棒且最有趣的咖啡产区之一；来自此地的最佳咖啡价格不菲。对不少人来说，这些咖啡喝起来更像伯爵茶（Earl Grey），绝对值得一试。此区也有日晒处理的咖啡，口感独特而美味。

海　拔：1 750~2 200米
采收期：10月~次年1月
品　种：原生品种

# 肯尼亚 Kenya

尽管邻国埃塞俄比亚被视为咖啡的发源地，肯尼亚的咖啡产业发展却相对较晚。最早关于咖啡进口的文献是1893年法国传教士自留尼旺岛带入咖啡树的记载；人们通常相信那是波旁种咖啡。第一批咖啡豆的收获时间是1896年。

最初咖啡在英国殖民统治下种植于大型庄园中，收获的咖啡豆则被运到伦敦销售。1933年咖啡法令通过，肯尼亚咖啡委员会成立，将咖啡销售事务迁回肯尼亚。1934年拍卖系统建立，至今依旧在使用。

第二年，用以帮助改善咖啡质量的分级制度草案正式拟定。

20世纪50年代早期的肯尼亚茅茅起义（Mau Mau uprising）发生不久后，政府通过了一项农业法案，使每个家庭得以增加农地所有权，除了自给自足，也能种植经济作物，以便增加额外的收入。此法案又名"Swynnerton Plan"，以农业部官员命名。

下图：肯尼亚女子头顶着刚采收完的成熟咖啡，准备送去进行下一步的筛选与处理工作。

这也是咖啡生产由英国交回肯尼亚的开始。小规模农耕带来的效果很显著，总收入自1955年的520万英镑提高到1964年的1 400万英镑，其中55%的成长归功于咖啡生产。

肯尼亚在1963年独立，现今已能生产出各式不同种类、品质极高的咖啡。肯尼亚在咖啡的研究与发展上相当进步，许多农民都具备高度专业的生产知识。肯尼亚的咖啡竞标系统应该有助于使那些重视质量的生产者获得更优的价格。不过正是因为想买到优异咖啡的买家通常必须付出相对高的价格，拍卖系统内的贪腐状况反而使农民无法得到应有的回馈。

## 分级

肯尼亚所有的外销咖啡不论是否具有产销履历都使用相同的分级制度。正如其他许多国家，肯尼亚的分级也以咖啡豆的大小与质量作为指标，对咖啡豆的大小有明确的规定，一定程度上也被认为与质量的优劣有直接关系。虽然这个理论基本上是正确的——例如AA级通常为顶级豆——但笔者不久前品尝过一批AB级豆，其复杂度与品质都高于许多其他AA级豆。

E：即"象豆"，尺寸超大，产量相对较少。

AA：这是较为常见的等级，咖啡豆尺寸较大，颗粒大小高于18目（详见第40页）或7.22毫米。这类豆子通常可以获得最高的价格。

AB：此等级的咖啡豆是将A（颗粒大小为16目或6.80毫米）与B（颗粒大小为15目或6.20毫米）合并，占肯尼亚咖啡年产量的30%左右。

PB：这是针对小圆豆的分级。指咖啡果中仅长出一个果核而非普遍的两个果核。

C：此分级低于AB级，在高质量咖啡中少见。

TT：更低的等级，多半包含从AA、AB与E级豆中移除的小型豆。若以密度做筛选，最轻的豆子通常为TT等级。

T：最低的等级，通常由咖啡屑与残破的豆子组成。

MH/ML：这两个缩写代表的是Mbuni Heavy与Mbuni Light。Mbuni意思是经日晒处理的咖啡豆。这类豆子被认为质量较低，通常带有不熟或过熟的咖啡豆，售价也相当低。此等级占肯尼亚咖啡年产量的7%左右。

## 产销履历

肯尼亚咖啡由大型庄园或小农户种植，小农户的咖啡在采收后会被送往当地的湿处理厂处理。这表示要得到可追溯性高的单一庄园咖啡是很容易的，但是近年来越来越多高质量的咖啡来自小农户。通常这些来自特定湿处理厂的咖啡豆会标示颗粒大小的等级（像是AA），不过同一批咖啡豆却可能来自上百个小农。这类

肯尼亚大型咖啡园的鸟瞰图。肯尼亚的咖啡豆来自境内多处，质量高而稳定，生产者包括大型庄园及小农户。

## 产　区

人　口：48 460 000人

2016 年产量（60 千克／袋）：783 000 袋

　　肯尼亚中部出产境内为数最多的咖啡，质量最佳的咖啡也来自此处。肯尼亚西部的Kisii、Trans-Nzoia、Keiyo和Marakwet等产区的咖啡也开始受到注意。

### 涅里（Nyeri）

　　位于肯尼亚中部的涅里是死火山肯尼亚山的所在地。此区的红土孕育出了肯尼亚最佳的咖啡。农业在此地极端重要，咖啡则是其中最主要的农作物。由小农户组成的共同合作社比大型庄园更普遍。此区有两次收成，但来自主产季的咖啡通常质量更高。

海　拔：1 200～2 300米

采收期：10月~12月（主产季），
　　　　6月~8月（次产季）

品　种：SL-28、SL-34、Ruiru 11、
　　　　Batian

### 穆拉雅（Murang'a）

　　隶属中央省的此区约有10万咖啡农。这个内陆产区是首批传教士选择的定居之处，因为葡萄牙人禁止他们在海岸区居住。这也是另一个受益于火山土壤的产区，咖啡小农户的数量多于庄园。

海　拔：1 350~1 950米

采收期：10月~12月（主产季），
　　　　6月~8月（次产季）

品　种：SL-28、SL-34、Ruiru11、
　　　　Batian

### 基里尼亚（Kirinyaga）

　　涅里产区的东邻，此区也受益于火山土壤。咖啡通常由小农户生产，湿处理厂也生产不少质量极高的咖啡，十分值得一试。

海　拔：1 300~1 900米

采收期：10月~12月（主产季），
　　　　6月~8月（次产季）

品　种：SL-28、SL-34、Ruiru11、
　　　　Batian

### 恩布（Embu）

　　靠近肯尼亚山的此区名称源自 Embu 城。当地约70%的人口都从事小规模农耕，区内最受欢迎的经济作物为茶和咖啡。几乎所有咖啡都来自小农户，此区产量相对较小。

海　拔：1 300～1 900米

采收期：10月~12月（主产季），
　　　　6月～8月（次产季）

品　种：SL-28、SL-34、Ruiru11、
　　　　Batian、K7

### 梅鲁（Meru）

　　此区咖啡多数由小农户种植在肯尼亚山麓及 Nyambene 丘陵一带。名称指此产区及居住在此地的梅鲁人。20世纪30年代，他们是最早开始生产咖啡的肯尼亚人，因为1923年签署的白皮书（Devonshire White Paper）中有保证在肯尼亚的非洲裔人士权益之重要性。

海　拔：1 300～1 950米

湿处理厂（或称为工厂）在保证咖啡豆成品的质量上扮演了重要角色，因此这些咖啡也很值得仔细寻求。

## 咖啡口感

肯尼亚咖啡以鲜明而复杂的莓果与水果味著称，同时带有甜美的气息与密实的酸度。

## 肯尼亚咖啡品种

肯尼亚有两个品种特别吸引精品咖啡业者的注意：SL-28与SL-34。它们是斯科特实验室的盖伊·吉普森（Guy Gibson）领导的研究计划中得到的40个实验品种之二。它们占肯尼亚高质量咖啡产量的绝大多数，不过这些品种容易得叶锈病。

肯尼亚在不遗余力地发展对叶锈病具抵抗力的品种。Ruiru 11是第一个被肯尼亚咖啡委员会认可的成功品种，即便精品咖啡买家对此品种态度冷淡。近来委员会推出了另一个名为Batian的品种。有鉴于Ruiru 11在杯测上令人失望的表现，众人对Batian的质量也有所质疑。不过Batian的品质似乎有所改进，众人对其未来的杯测表现也持乐观态度。

---

采收期：10月~12月（主产季），
　　　　6月~8月（次产季）
品　种：SL-28、SL-34、Ruiru11、Batian、K7

### 基安布（Kiambu）

这个位于肯尼亚中部的产区以大型咖啡庄园为主。不过，因城市化的缘故，庄园数量开始减少，地主认为将土地转卖给开发商更容易获利。来自此区的咖啡通常以产地为名，例如锡卡、Ruiru与Limuru。其中许多庄园为跨国企业所有，这也意味着咖啡多半为机械化采收，在此地，产量比质量来得重要。不过区内也有为数不少的小农户。

海　拔：1 500~2 200米
采收期：10月~12月（主产季），
　　　　6月~8月（次产季）
品　种：SL-28、SL-34、Ruiru11、Batian

### 马查科斯（Machakos）

这是个相对较小的郡，位于肯尼亚中部，名称源自Machakos镇。此地的咖啡种植兼具庄园与小农户的生产形式。

海　拔：1 400~1 850米
采收期：10月~12月（主产季），
　　　　6月~8月（次产季）
品　种：SL-28、SL-34

### 纳库鲁（Nakuru）

这个位于肯尼亚中部的产区有着区内最高海拔的咖啡种植区。不过某些位于高海拔的咖啡树会得枯枝病（Dieback），进而停止生长。此产区以纳库鲁镇命名。咖啡种植兼具庄园与小农户的形式，不过产量相对较少。

海　拔：1 850~2 200米
采收期：10月~12月（主产季），
　　　　6月~8月（次产季）
品　种：SL-28、SL-34、Ruiru11、Batian

### 基西（Kisii）

此区位于肯尼亚西南部，离维多利亚湖不远，是个相对较小的产区，多数咖啡都来自小型生产者组成的共同合作社。

海　拔：1 450~1 800米
采收期：10月~12月（主产季），
　　　　6月~8月（次产季）
品　种：SL-28、SL-34、蓝山、K7

### Trans-Nzoia、Keiyo & Marakwet

这个位于肯尼亚西部的小型产区近年来开始有所发展。埃尔贡山有一定的海拔高度，多数咖啡来自庄园。咖啡种植通常是为了使原本仅有玉米田或乳制品的农场变得更多样化。

海　拔：1 500~1 900米
采收期：10月~12月（主产季），
　　　　6月~8月（次产季）
品　种：Ruiru 11、Batian、SL-28、SL-34

# 马拉维 Malawi

咖啡大约在 19 世纪晚期被引进马拉维。一种说法是一位名为约翰·布坎南（John Buchnan）的苏格兰传教士在 1878 年自爱丁堡植物园带来一株咖啡树。一开始咖啡在马拉维南部 Blantyre 区扎根，到了 20 世纪，咖啡产量达到 1 000 吨。

尽管此地咖啡生产最初表现得出类拔萃，不久后却一败涂地，原因在于土壤、病虫害与疾病上的管理不善，加上巴西咖啡崛起，使马拉维失去了竞争力。

20 世纪初，大型咖啡园很少由非洲人拥有，因为当时马拉维是英国的殖民地。不过共同合作社自 1946 年兴起，到 20 世纪 50 年代，咖啡产量有了长足的发展。即便前景看好，共同合作社却在 1971 年因政治因素而解体。马拉维咖啡生产的巅峰时期是 20 世纪 90 年代，当时每年的产量达 7 000 吨；自那时开始已减缩为每年 1 500 吨。

即便是内陆国，马拉维却拥有强大的农业出口经济。就咖啡而言，原因之一可能是没有政府对外销的干预，使卖家与买家得以建立直接的关系。不过长久以来，质量一直不是马拉维的优先考量因素。咖啡等级仅分为 Grade 1 与 Grade 2，但近年来开始有朝向非洲普遍使用的类似 AA 分级制度发展的趋势。

马拉维的咖啡品种呈现两极化。境内种有许多在中美洲广受瞩目的瑰夏品种；此外，对疾病有抵抗力的卡帝莫（Catimor）也遍布各处，不过通常品质较差。

## 产销履历

马拉维南部的咖啡通常是大规模的商业庄园，中部与北部则为小型咖啡农。因此咖啡可以回溯小农或特定生产者团体。一般而言，两者都可能生产出优异的咖啡。

**咖啡口感**

马拉维咖啡的口感多半相当甜美纯净，不过少有如其他东非咖啡产区那般具爆发性的果香与复杂度。

人　口：18 090 000人

2016年产量（60千克／袋）：18 000袋

产于马拉维的咖啡少以产地区分，咖啡产区可视为种植咖啡的区域，而非以当地产区的风土或微气候作为界定标准。

## 奇蒂帕（Chitipa）

此区生产马拉维几种声誉极佳的咖啡。邻近松圭河，也是马拉维与北邻坦桑尼亚的天然国界。此区亦是规模极大的Misuku Hills共同合作社的所在地。

海　拔：1 700～2 000米

采收期：4月～9月

品　种：Agaro、瑰夏、卡帝莫、蒙多诺沃、卡杜拉

## 龙皮（Rumphi）

位于北部的此区邻近尼卡国家公园东部的马拉维湖。不少生产者位于此地，像是Chakak、Mphachi、Salawe、Junji与VunguVungu。Phoka Hills与Viphya North两个共同合作社也在这里。

海　拔：1 200～2 500米

采收期：4月～9月

品　种：Agaro、瑰夏、卡帝莫、蒙多诺沃、卡杜拉

## North Viphya

此区涵盖部分North Viphya高原，因Lizunkhumi河谷而与Nkhata Bay高地分隔开。

海　拔：1 200～1 500米

采收期：4月～9月

品　种：Agaro、瑰夏、卡帝莫、蒙多诺沃、卡杜拉

## Southeast Mzimba

此产区以姆津巴市（Mzimba）命名，区内有不少河谷与河川。

海　拔：1 200～1 700米

采收期：4月～9月

品　种：Agaro、瑰夏、卡帝莫、蒙多诺沃、卡杜拉

## 恩卡塔贝高地产区（Nkhata Bay Highlands）

此区位于区首府姆祖祖市（Mzuzu）以东。

海　拔：1 000～2 000米

采收期：4月～9月

品　种：Agaro、瑰夏、卡帝莫、蒙多诺沃、卡杜拉

下图：马拉维的咖啡在境内属于相当强势的农业外销产品，多数咖啡的来源都可以追溯至单一农场。

# 卢旺达 Rwanda

咖啡由德国传教士于 1904 年带入卢旺达，不过到 1917 年，卢旺达的咖啡产量才大到足以外销。第一次世界大战后，国际联盟托管委员会（the League of Nations Mandate）撤销德国对卢旺达的殖民权，并将托管权转交给比利时。因此一直以来卢旺达的咖啡都是外销到比利时。

第一棵咖啡树种在 Cyangugu 省的 Mibirizi 修道院，此地也成为卢旺达第一个咖啡品种的名称，就是波旁种咖啡的变种（详见第 148 页）。之后咖啡种植逐渐扩张到基伍区，最后延伸到卢旺达全国。到了 20 世纪 30 年代，咖啡开始成为生产者必备的农作物，正如比利时另一个殖民地布隆迪那样。

比利时政府严格管控外销并对咖啡农抽取高税金，迫使卢旺达转向高产量、低质量的低价咖啡生产。因为卢旺达的外销出口量极小，咖啡对农民的影响力与重要性相对很大。卢旺达的基础设施相当有限，因此要生产出优质的咖啡并不容易，境内甚至没有咖啡湿处理厂。

到了 20 世纪 90 年代，咖啡已成为卢旺达最值钱的外销农产品，但也发生了几乎摧毁咖啡产业的大事。1994 年的种族灭绝事件使近 100 万人失去性命，加上全球咖啡价格骤降，对咖啡产业造成了巨大的冲击。

## 咖啡产业对卢旺达复苏的影响

经过种族灭绝事件之后，咖啡的生产为卢旺达整体复苏带来了正面的影响。全球聚焦于卢旺达，加上国外的援助，咖啡产业开始得到极大的重视。境内有了新的湿处理厂，人们开始专注于高质量咖啡的生产。政府对咖啡产业的态度更为开放，全球精品咖啡买家也对此地的咖啡产生了浓厚兴趣。卢旺达是非洲唯一举办过卓越杯竞赛的国家，凭借卓越杯的在线竞标系统，买家得以找到最优异的咖啡批次，进而推广到市面上。

境内的第一家湿处理厂在美国国际开发署（USAID）的协助下于 2004 年兴建，之后有更多如雨后春笋般出现。至今卢旺达约有 300 家湿处理厂。

卢旺达农业促进联合伙伴计划（Partnership of Enhancing Agriculture in Rwanda through Linkages, 简称 PEARL）也成功地分享知识并训练出年轻的农艺学家，此计划最后演变为促进农乡企业发展可持续伙伴计划（Sustaining Partnerships to Enhance Rural Enterprise and Agribusiness Development, 简称 SPREAD），两个计划的重心都在布

主要
咖啡产区

乌干达

坦桑尼亚

刚果民主共和国

*NYAGATERE*

Byumba

*GAKENKE*

Gisenyi

*RULINDO*

*RUTSIRO*

*KAYONZA*

卢旺达

基加利

Rwamagana

*KAMONY*

*RWAMAGANA*

基伍湖

Kibuye

Gitarama

*KARONGI*

*RUHANGO*

*NGOMA*

*NYAMASHEKE*

Nyanza

*KIREHE*

*NYAMAGABE*

*HUYE*

Cyangugu

Butare

布隆迪

坦桑尼亚

0　miles　30
0　km　30

N

上图：在布塔雷的咖啡湿处理厂，工作人员不断移动咖啡果，用果皮分离机将咖啡豆与果肉分离。

塔雷产区。

卢旺达被称为"千丘之国"，境内有种植出优异咖啡的纬度和气候条件；但因多处土壤贫化加上运输困难，大大增加了生产成本。

咖啡价格在 2010 年升高时，卢旺达（以及其他许多国家）面临着极大的挑战——咖啡产业没有足够的动力提升质量。这是因为当市场愿意以高价购买咖啡时，即便是低质量的咖啡也有办法获利，如此一来，咖啡农便找不到花钱提升质量的理由。然而近年来卢旺达的咖啡都优异无比。即便卢旺达种植并外销一小部分的罗布斯塔，但多数还是经水洗处理法处理的阿拉比卡。

## 马铃薯味缺陷

这类特别且不常见的咖啡劣质气息仅出现于布隆迪与卢旺达咖啡中，因一种不知名的细菌侵入了咖啡果皮而产生一种毒素。它对人体没有伤害，但是这类有缺陷的咖啡豆经烘焙并磨粉后会产生一种容易辨认且强烈的怪异气味，让人直接联想起削马铃薯皮时的味道。它仅会影响特定的几颗咖啡豆，因此若找到几颗这样的咖啡豆，并不表示整袋咖啡都会受影响，除非咖啡豆皆已磨成粉。

要完全根除这种气味并不容易。一旦采收处理过程结束，这样的气味就无法辨识，在咖啡烘焙前也没法发现这个问题。即便经过烘焙，仍须等到缺陷豆磨成粉后才能发现。在采收后处理咖啡果的过程中可从果皮是否破裂来移除可能受到感染的果实。研究人员正从多方着手寻找消除此缺陷的方式。

## 产销履历

卢旺达咖啡多半可以追溯到湿处理厂及不同的咖啡农团体和共同合作社。每个咖啡生产者平均仅有183棵树，因此要追溯到单一生产者是不可能的。

### 咖啡口感

产自卢旺达的优异咖啡多半带有新鲜果香，让人联想起红苹果与红葡萄。莓果味与花香也十分常见。

## 当地品种

### Mibirizi

这是当初自危地马拉取得波旁种咖啡树的一个卢旺达修道院的名字。Mibirizi是波旁的自然变种，在此修道院被发现。最初生长在卢旺达，之后在20世纪30年代散播到布隆迪。

### Jackson

这是另一个波旁种变种，同样最初生长在卢旺达，之后散播到布隆迪。

## 产 区

人 口：11 920 000人

2016 年产量（60 千克／袋）：220 000 袋

咖啡在卢旺达全境都有栽种，因此并没有地理产区的限制。咖啡烘焙者在标示时可以使用区域名称再加上湿处理厂或咖啡农团体名称。

上图：工人正将咖啡豆平铺在桌面上，以便在未来五天进行风干，为烘焙或外销做准备。

### 南部与西部产区

卢旺达不少优质咖啡均来自此产区。咖啡豆的生产尤其集中在多山的 Huye、Nyamagabe 以及基伍湖畔的 Nyamasheke 产区。

海 拔：1 700 ~ 2 200米

采收期：3月 ~ 6月

品 种：波旁、Mibirizi

### 东部产区

卢旺达东部的海拔高度不如境内其他区域，但是位于最东北边的 Ngoma 与 Nyagatare 区域则有不少优质咖啡。

海 拔：1 300 ~ 1 900米

采收期：3月 ~ 6月

品 种：波旁、Mibirizi

# 坦桑尼亚 Tanzania

咖啡的口述历史中提到，咖啡于16世纪自埃塞俄比亚传入坦桑尼亚。哈亚人（Haya）将"哈亚咖啡"（Haya Coffee）或"amwani"带入坦桑尼亚，它或许是罗布斯塔品种，自那时起，咖啡成为当地文化中密不可分的一环。成熟的咖啡果实会被煮过，之后经过多日熏烤，然后用来咀嚼而非冲煮成咖啡。

咖啡最早在德国殖民统治时成为坦桑尼亚（前身为坦噶尼喀）的经济作物。1911年，殖民政府明令在布科巴产区开始种植阿拉比卡咖啡树，但种植方式与哈亚人的传统做法大不相同，哈亚人因此不愿以咖啡树取代粮食作物。即便如此，此区的咖啡产量依旧有所提升。境内其他区域对咖啡种植较不熟悉，因此反对声浪较小。住在乞力马扎罗山周围的Chagga部落在德国人全面禁止奴隶买卖后，将农作物全部改为咖啡。

第一次世界大战之后，此区的管理权转移到英国人手中。他们在布科巴种下超过1000万株咖啡苗，但也与哈亚人产生了冲突，结果通常是树苗被连根拔起。因此相较于Chagga区，此地的咖啡产业并没有显著的成长。

第一个共同合作社在1925年成立，名称为Kilimanjaro Native Planters' Association（KNPA）。它是几个共同合作社中最先成立的，旗下的生产者拥有较多自由得以直接销售到伦敦，进而获取更佳的售价。

坦桑尼亚在1961年独立后，政府将重心放在咖啡产业，试图在1970年之前使咖啡产量双倍增长；不过这个计划并没有实现。历经了产业的低成长、高度通货膨胀与经济萧条后，坦桑尼亚成为多党民主政权。

对页图：于坦桑尼亚Mwika新建的咖啡园中仰望乞力马扎罗山，园中尽是最近刚种下的年轻咖啡树。

上图：一名工人正在坦桑尼亚恩戈罗恩戈罗火山口区周边的咖啡厂中筛选干燥的咖啡豆。境内的咖啡豆几乎都由小农户采收。

20世纪90年代早期及中期，咖啡产业经历了一系列的改革。咖啡生产者被允许较为直接地销售给买家，而非全都通过国家咖啡营销委员会销售。咖啡产业在20世纪90年代末期遭受严重打击，当时咖啡枯枝病在境内四处蔓延，使靠近乌干达边界北部的咖啡树数量大减。时至今日，坦桑尼亚的咖啡产量中有70%的阿拉比卡和30%的罗布斯塔。

## 产销履历

坦桑尼亚90%的咖啡产自45万小农户，其他10%则来自较大的庄园。要将咖啡追溯至农民的共同合作社及湿处理厂是可能的，倘若是庄园咖啡，则能找到源头的单一咖啡园。近年来我品尝过的优质咖啡都来自庄园，我会建议先从这类咖啡开始尝试。

### 分级

坦桑尼亚使用的是被称为"英式命名法"的分级体系，类似于肯尼亚。等级包括AA、A、B、PB、C、E、F、AF、TT、UG与TEX。

### 咖啡口感

口感复杂，酸度清新鲜活，多半带有莓果与水果气息。坦桑尼亚咖啡通常鲜美多汁、有趣而可口。

人　口：55 570 000人

2016年产量（60千克／袋）：870 000袋

坦桑尼亚出产不少罗布斯塔咖啡，不过多集中于西北方靠近维多利亚湖的周边。其他产区多半由海拔高度界定。

## 乞力马扎罗（Kilimanjaro）

这是坦桑尼亚最古老的阿拉比卡咖啡产区，因此要说此区拥有最长时间来发展产区的国际声望也不为过。因为悠久的咖啡产业历史，此地的基础设施较佳，不过不少咖啡树都相当高龄，因此产量较低。近年来其他农作物有逐渐取代咖啡的趋势。

海　拔：1 050～2 500米

采收期：7月～12月

品　种：肯特、波旁、帝比卡、
　　　　帝比卡／Nyara

## 阿鲁沙（Arusha）

阿鲁沙与乞力马扎罗山周围的产区相邻，两区有不少相似之处。此区围绕在自1910年起便毫无动静的Meru活火山附近。

海　拔：1 100～1 800米

采收期：7月～12月

品　种：肯特、波旁、帝比卡、
　　　　帝比卡／Nyara

## 鲁伍马（Ruvuma）

此区位于坦桑尼亚最南部，名称来自鲁伍马河。咖啡种植多在姆宾加（Mbinga）地区，被认为是能够产出高质量咖啡的潜力产区。过去因资金不足而阻碍了此地的发展。

海　拔：1 200～1 800米

采收期：6月～10月

品　种：肯特、波旁、由波旁衍生的
　　　　N5与N39

## 姆贝亚（Mbeya）

位于坦桑尼亚南部Mbeya市的周边，此区是高价值外销作物如咖啡、茶叶、可可和香料的重要产区。近年来吸引了众多认证团体及非政府组织的注意，目的在于改善此区评价不高的咖啡品质。

海　拔：1 200～2 000米

采收期：6月～10月

品　种：肯特、波旁、帝比卡

## 塔里梅（Tarime）

位于境内最北边肯尼亚边境的小产区，国际名声有限。此区已开始生产不少高质量的咖啡，同时也有机会提升产量。目前产量相对较低，处理咖啡的基础设施比较有限，不过在过去10年，此区受到的瞩目使其产量提升了3倍。

海　拔：1 500～1 800米

采收期：7月～12月

品　种：肯特、波旁、帝比卡、罗布
　　　　斯塔

## 基戈马（Kigoma）

此区以区域首府基戈马市命名，位于西北部，邻近布隆迪边界，在缓丘绵延的一块高原上。区内生产出不少令人惊艳的咖啡，不过相较于境内其他产区，当地的咖啡产业才刚起步。

海　拔：1 100～1 700米

采收期：7月～12月

品　种：肯特、波旁、帝比卡

# 乌干达 Uganda

乌干达是世界上少数几个拥有原生咖啡树种的国家，其原生品种是生长在维多利亚湖周边的野生罗布斯塔。咖啡出口贸易是乌干达的重要经济来源，产量也是世界领先。因为大多数咖啡树种都是罗布斯塔，因此乌干达一直被人们认为是高品质咖啡的产地。

虽然在过去数百年间，罗布斯塔一直是乌干达文化的一部分，但它并没有成为乌干达农业生产中的重要组成部分。阿拉比卡在20世纪初从马拉维或埃塞俄比亚传入乌干达，但因为阿拉比卡咖啡抵抗疾病的能力较弱，所以并没有得到广泛种植。与此同时，罗布斯塔及其他具有较强抗病能力的咖啡品种开始被大面积种植。

1925年，咖啡出口只占了乌干达出口贸易的1%，但咖啡被认为是很重要的农作物，因为它非常适合数量与日俱增的小农来种植。1929年，咖啡产业委员会（Coffee Industry Board）成立，合作社形式的种植生产促进了咖啡产业的成长，到1940年，咖啡已经成为乌干达最主要的出口贸易产品。乌干达在1969年独立之后通过了一项咖啡法案，让咖啡产业委员会全权控制咖啡的价格。咖啡在伊迪·阿明（Idi Amin）独裁政权统治期间一直是非常重要的产业。1975年后，因为巴西遭遇霜害，咖啡的价格一路走高。20世纪80年代，不断增加的产量让咖啡成为能让乌干达获取现金的最重要的农作物。然而，许多人会将咖啡走私到其他国家，并以高于政府规定的价格卖出。

1988年，咖啡产业委员会提高了咖啡的收购价格，但到该年年底，委员会负债累累，不得不寻求政府

下图：乌干达的咖啡产区具有优质的土壤、高度以及气候条件，所以能够生产非常出色的咖啡豆。

南苏丹

肯尼亚

刚果民主
共和国

乌干达

肯尼亚

坦桑尼亚

卢旺达

MARACHA

ARUA

NEBBI

Albert Nile

GULU

ASWA

Gulu

OYAM

APAC

Kitgum

Moroto

艾伯特湖

Masindi

KYOGA

Lake
Kyoga

NAKASONGOLA

KAMULI

KUMI

KAPCHORWA

Sironko

BUDADIRI

KONGASIS

BUNDIBUGYO

KIBALE

KIBOGA

NAKASEKE

KAYUNGA

BULAMOGI

BUNGOKHO

MANAFWA

BUSIKI

Fort Portal

Kibale

BAMUNANIKA

Victoria Nile

IGANGA

KABAROLE

KYENJOJO

MUBENDE

BUSUJJU

坎帕拉

JINJA

BUGIRI

KAMWENGE

MPIGI

WAKISO

MUKONO

MAYUGE

KASESE

IBANDA

SEMBABULE

维多利亚湖

MBARARA

MASAKA

BUSHENYI

Masaka

KASHARI

RAKAI

RUKUNGIRI

KANUNGU

NTUNGAMO

BUKANGA

KISORO

KABALE

miles

0                    100

km

0                    100

的帮助。1989年，国际咖啡协议（International Coffee Agreement）谈判的崩裂导致咖啡价格骤跌，政府不得不让乌干达货币贬值，以提高国际市场对乌干达咖啡的需求。气候干旱、咖啡价格的崩盘以及农民转而种植可自给自足的农作物，这些因素使1990年乌干达的咖啡产量下降了20%。

20世纪90年代初期，乌干达的咖啡市场开始变得更自由化，政府转为开拓与支持市场的角色。从那时起，乌干达的咖啡业开始迈入现代化。乌干达咖啡发展局持续推行宽松的政策，产销履历也让外界能够更轻松地寻找理想的乌干达咖啡。农民开始以团体的形式建立自己的品牌及声誉。罗布斯塔仍然是最主要的出口品种，乌干达为高品质的罗布斯塔创造了较好的声誉，阿拉比卡仍旧只占总产量的一小部分，但其品质一直在提升。在未来的几年里，乌干达咖啡将会在精品咖啡的世界里扮演越来越重要的角色。

## 产销履历

乌干达最好的咖啡大多来自生产者联盟或合作社，Wugar（水洗乌干达阿拉比卡）及Drugar（日晒乌干达阿拉比卡）是乌干达特有的两个名词。乌干达几乎全年都有咖啡的收成，但还是大致能分成两个产季，一个是主产季，另一个产量较小的产季我们称之为次产季（fly crop）。

### 咖啡口感

品质极高的乌干达咖啡喝起来会有甜感、丰满的黑色水果味以及干净的余韵，但这样的咖啡在乌干达仍属少数。

上图：位于坎帕拉(Kampala)的非洲好咖啡公司里，工人正在烘焙咖啡豆，该公司由当地人在2003年建立。

对页图：位于卡穆利(Kamuli)的咖啡农员，非政府组织正在执行一个咖啡训练计划，以协助当地农民改善生活状况。

## 产 区

人　口：41 490 000人
2016年产量（60千克／袋）：4 900 000袋
　　乌干达的咖啡产区没有特别明显的界限。

### 布吉索（Bugisu）

　　这个产区的咖啡一直拥有相当好的声誉，尤其是邻近肯尼亚边界的艾尔贡山（Mount Elgon）地区，山坡陡峭，农业基础设施缺乏，这些让农民的工作更具挑战性，但这个区域有非常优质的土壤、海拔以及微型气候，非常适合精品咖啡的种植。

海　拔：1 500～2 300米
采收期：10月～次年3月（主产季），
　　　　5月～7月（次产季）
品　种：肯特、帝比卡、SL-14、SL-28

### 西尼罗（West Nile）

　　乌干达的西北区域种植较多的阿拉比卡咖啡，主要集中在艾伯特湖（Lake Albert）以北，西至刚果民主共和国的边境。靠近湖泊的地区大多种植阿拉比卡，往北一些则有较多罗布斯塔。

海　拔：1 450～1 800米
采收期：10月～次年1月（主产季），
　　　　4月～6月（次产季）
品　种：肯特、帝比卡、SL-14、
　　　　SL-28、原生罗布斯塔

### 乌干达西部（Western Uganda）

　　最高的产区位于刚果民主共和国边境的鲁文佐里山（Rwenzori mountains），Drugars（日晒处理阿拉比卡）是这个区域常见的处理方式。

海　拔：1 200～2 200米
采收期：4月～7月（主产季），
　　　　10月～次年1月（次产季）
品　种：肯特、帝比卡、SL-14、
　　　　SL-28、原生罗布斯塔

### 中央低地（Central Lowlands）

　　罗布斯塔咖啡生长在乌干达境内大部分的区域，往南一直到维多利亚湖（Lake Victoria）畔。罗布斯塔生长的海拔比较低，并依赖充足的雨水。吐扎是从卡帝莫培育出来的现代品种，生长在低海拔区域，并具备疾病抵抗能力。

海　拔：1 200～1 500米
采收期：11月～次年2月（主产季），
　　　　5月～8月（次产季）
品　种：原生罗布斯塔、少部分吐扎

# 赞比亚 Zambia

长久以来，赞比亚一直被精品咖啡产业忽视。或许有人会说这是"鸡生蛋，蛋生鸡"的情况，因为过去精品咖啡买家对此区咖啡缺乏关注，在提升咖啡质量上便少了资金的投注；而由于质量不佳，精品咖啡买家也少有问津。

**在**20世纪50年代，传教士自坦桑尼亚与肯尼亚将波旁咖啡种子带进赞比亚。不过咖啡产量却到20世纪70年代末期及80年代早期才因来自世界银行的资金投入而开始增长。病虫害与疾病的增加使咖啡农开始种植杂交品种的卡帝莫，不过此品种的美味度不及波旁种。但这仅是暂时的改变，之后政府又再度推荐种植

上图和右图：咖啡果熟成时由赞比亚工人采收，这些种植园多半都是规模颇大且经营良好的庄园，也都拥有现代化设备。

波旁，但赞比亚境内依旧有为数不少的卡帝莫。

赞比亚的咖啡外销在2005年及2006年达到巅峰，总量约有6 500吨，不过自此之后便大大降低。

有人将原因归于价格骤降，但产业缺乏长期融资更可能是主因。此外，境内最大的生产商在2008年因拖欠贷款而结束营业。Northern Coffee Corp在关闭时产量为6 000吨，占全国的三分之一。到2012年，咖啡总产量仅达300吨，不过如今正在恢复中。

赞比亚的咖啡多来自大型庄园，但小农也得到了扶持。这类庄园多半经营良好，也拥有现代化设备（因为咖啡生产相对起步较晚），也可能隶属跨国公司。小农户在取得肥料与设备上困难重重，一般来说咖啡品质也不高。因缺乏水源和良好的采收后处理设备，生产出纯

## 咖啡口感

产量稀少的优异咖啡带着鲜明的花香及纯净果香，口感复杂。

净而甜美的咖啡变得更加困难。

## 产销履历

赞比亚最好的咖啡多半来自单一庄园，不过你可能需要花点精力才能找到。境内咖啡的产量小，高质量的咖啡也难寻。值得关注的是，就咖啡品种与地理环境来说，赞比亚咖啡其实潜力无穷。

## 产 区

人　口：16 590 000人
2016年产量（60千克／袋）：2 000袋
　　赞比亚境内的咖啡产区界线不明，通常仅用南部、中部、铜带省（Copperbelt）与北部来区分。咖啡主要在北部产区穆钦加山周围（包括伊索卡、纳孔德与卡萨马区）以及区域首府卢萨卡市附近。
海　拔：900～2 000米
采收期：4月～9月
品　种：波旁、卡帝莫

# 亚洲及周边地区

　　亚洲咖啡的种植文化可说是由神话与历史塑造而成。传说中来自也门的朝圣者将罗布斯塔咖啡偷渡带入印度；16世纪，荷兰东印度公司开始将印度咖啡豆大量外销。亚洲在当今的商业咖啡产业中举足轻重。也门或许是个例外，因其外销量极小，但风格独特的也门咖啡在全球的需求量仍然很大。

# 中 国 China

在咖啡产业的诸多方面，全世界的目光都在关注中国。作为咖啡消费国，中国有巨大的市场潜力，左右着世界咖啡产业的稳定性，更不用说中国已经开始生产数量惊人的咖啡产品，给世界咖啡产业带来影响。中国的咖啡生产者已经将注意力转向质量，开始探寻土地、气候及不同品类带来的品质新边界。

**18**92年，一位法国传教士带着一些咖啡种子跨过越南边境，来到中国的云南省，并将咖啡种植在靠近教堂的朱苦拉村，开启了中国咖啡的历史。朱苦拉村以大量生产高品质茶叶而闻名，所以在接下来将近一百年的时间里，咖啡的种植并没有引起当地人的重视。直到1988年，联合国发展计划与世界银行的合资公司及雀巢公司对云南产区产生了兴趣，使云南的咖啡产业开始蓬勃发展。

在2009年之前，云南的咖啡产量一直处于相对较低的态势，但茶叶价格的低迷及国际市场上咖啡价格的陡升，让咖啡的产量有了跳跃式的增长。中国国内需求的增长也进一步推动了云南咖啡的产量，虽然在中国人均咖啡消耗量仍然很低，但基于庞大的人口数量，中国在国际咖啡供需市场中仍有牵一发而动全身的能力。

中国开始培养自己的咖啡品位，我喝过最好的中国咖啡只能在中国买到。以品质为基础的竞标活动越来越多，价格也越来越高，这使中国成为非常独特、值得持续关注的市场。

现在中国也开始出口一些高品质的咖啡，非常值得咖啡饮用者尝试。中国咖啡在种植时仍然优先考虑能够抵抗疾病的树种，而种植那些细致优雅、品质较高的咖啡品种仍要克服许多困难。不管如何，我非常期待看到品质越来越高的咖啡出现。

## 产销履历

与世界其他咖啡生产国家相比，大部分生产者对优良品种及品质的要求要弱一些，但还是有非常美味的咖啡值得探寻，这些好喝的咖啡来自单一庄园或群聚的生产者。

### 咖啡口感

好的中国咖啡会有令人愉悦的甜感及水果感，虽然大部分还是会有一点木质及泥土的味道，有较低的果酸和厚实的醇厚度。

# 产 区

人　口：1 392 730 000人

**2016 年产量（60 千克／袋）：**

2 200 000 袋

　　虽然咖啡仅种植在中国的一小部分土地上，但在这些区域，种植的密度相当高。在中国，咖啡的种植及饮用都有非常大的成长空间。

## 云南

　　云南作为中国第一个种植咖啡的省份，目前仍是高品质咖啡最主要的生产区域。云南最出名的是普洱茶，但现在，咖啡也慢慢跻身重要作物之列。

海　拔：900~1 700米

采收期：10月~次年1月

品　种：卡帝莫，以及一些卡杜拉和波旁

## 福建

　　福建最知名的是乌龙茶和一些其他品种的茶，咖啡只是一个很小的产业，而且几乎没有高品质的咖啡。

采收期：11月~次年4月

品　种：罗布斯塔

## 海南

　　可能是在1908年，咖啡从马来亚被带到这个中国最南部的省份——海南，这里只种植罗布斯塔，而这个区域种植的咖啡并不以品质闻名。

采收期：11月~次年4月

品　种：罗布斯塔

右图：一家位于江苏省苏州市传统建筑中的咖啡馆。

对页图：少数民族苗族的农民正在采收位于新寨村的咖啡豆。

# 印 度 India

咖啡出现在印度南部的说法颇具神话性。传说中提到，一位名叫 Baba Budan 的朝圣者在 1670 年自麦加朝圣后回程途经也门，在严格管控下仍偷偷带走了七粒咖啡种子。不过因为数字"七"在伊斯兰教里属于神圣的数字，他这样的行为被认定符合教义。

Baba Budan 将这些种子种在卡纳塔克邦的 Chikmagalur 县，咖啡树在此繁茂生长。此区的山丘现在也以他命名，称为 BabaBudangiri，至今仍然是重要的咖啡产区。

直到 19 世纪在英国的殖民统治下，印度南部的咖啡种植才开始蓬勃发展。不过这种情况仅是昙花一现，之后咖啡产业又开始衰落。19 世纪 70 年代，因市场对茶叶的需求及咖啡叶锈病大增的双重影响，许多种植园开始

改种茶叶。讽刺的是，这些种植园其实都在咖啡外销上表现亮眼。叶锈病并没有使咖啡产业从印度消失，反倒鼓励产业研发出对叶锈病具抵抗力的品种。这类研究相当成功，培育出不少新品种，不过这都是在把重点放在咖啡口感风味之前发生的。

1942 年，印度咖啡委员会成立，得以依法监控咖啡产业。有些人认为，将来自不同生产者的众多咖啡聚集买卖，生产者会少了提升质量的动力。不过，印度咖啡的产量绝对有所增长，到 20 世纪 90 年代，印度咖啡增加了 30%。

20 世纪 90 年代，对咖啡生产者的销售方式与渠道上的规范变得宽松，印度国内的咖啡市场开始蓬勃发展。虽然印度国内咖啡人均消费量相当低（因为茶是便宜的替代品），但由于庞大的人口基数，人均消费总量还是相当可观。每人每年平均消费量不过 100 克，总消费量却达到 200 万袋。印度咖啡年产量约为 500 万袋，不过多数为罗布斯塔。

在印度，罗布斯塔的适应力优于阿拉比卡。低海拔和气候形态使罗布斯塔的产量极高。相较于许多国家，印度对罗布斯塔投注的精力相对较多，因此得以占据顶级市场的低阶位置。即便是最优质的罗布斯塔依旧无法

左图: 在印度，茶比咖啡受欢迎，但是这个国家年产量 500 万袋的咖啡中还是有 200 万袋在境内消费；多数为罗布斯塔品种。

避免此品种特有的木质气息,但也因其风味比其他生产国干净,印度罗布斯塔在咖啡烘焙业者间受到欢迎,多被用来加入意式浓缩咖啡的调配中。

## 季风处理法

印度咖啡中较具知名度的是季风马拉巴(Monsoon Malabar),它是经过相当不寻常的"季风处理"的咖啡。季风处理现在已成为一种被精准控制的处理法,不过起源纯属意外。在英国殖民统治期间,咖啡以木箱承装,外销至欧洲。这些咖啡在运送过程中会经历季风时期的潮湿天气。咖啡生豆吸收了不少湿气,也对最后咖啡豆成品的风格影响甚巨。

外销运送过程日后虽有改进,但这类口感不寻常的咖啡仍然十分抢手,因此这样的季风处理日后便在印度西海岸的工厂里进行。季风处理仅用于经日晒处理的咖啡,风渍过后的咖啡色泽偏淡,也十分易碎。这类季风豆不容易烘焙均匀,更易碎,因此一袋熟豆常因包装过程就产生许多受损的咖啡豆。不过,不同于低阶咖啡中必须避免的破损豆,这类破碎的季风豆并不会影响风味。

在风渍过程中,咖啡通常会损失酸度,但额外增加浓郁且具野性的香气,在咖啡产业中存在两极化的评价。有些人喜欢这种丰富浓郁的口感,有些人则认定这是有瑕疵的处理过程呈现出的令人不悦的气息。

## 产销履历

　　印度25万咖啡生产者中98%为小农，因此要回溯至单一庄园是件困难的事，却值得一试。印度咖啡的产销履历通常只能追溯到处理厂或产区。

### 咖啡口感

　　最佳的印度咖啡多半带着浓郁绵密的口感，酸度低，鲜少拥有独特的复杂度。

# 产 区

人　口：1 326 572 000人

2016年产量（60千克／袋）：
5 333 000袋

　　印度咖啡树多数都种植在境内的四个邦内。各邦之内可再依地理环境细分为小产区。

## 泰米尔纳德邦（Tamil Nadu）

　　泰米尔纳德邦是印度28个邦中最南的一个。首府为清奈（Chennai，原名Madras），以巨型印度教寺庙闻名。

### Pulney

　　这是邦内最大的咖啡产区，但咖啡农要面对不少挑战，包括频繁的叶锈病（选择种植品种相对重要）、人力不足、土地所有权归属以及采收后处理厂水源缺乏等问题。

海　拔：600~2 000米

采收期：10月~次年2月

品　种：S795、Selection 5B、Selection 9、Selection 10、Cauvery

### Nilgiri

　　这个多山的产区多数为部落小农，经济资源有限。此区的罗布斯塔产量是阿拉比卡的两倍多。降雨量大，病虫害多，包括咖啡果小蠹。此区是位置最西的产区，位于卡纳塔克与喀拉拉两邦之间。

海　拔：900~1 400米

采收期：10月~次年2月

品　种：S795、肯特、Cauvery、罗布斯塔

### Shevaroy

　　此区基本全部生产阿拉比卡，生产者多数为小农。此区地形相当崎岖，对大型农场较为有利。尽管仅占全国5%的农地，却代表了全国咖啡种植面积的75%。大型农场的问题是他们倾向种植单一树种银桦（silver oak）来遮蔽咖啡树。但也有不少人认为为了生态多样化与可持续发展，遮蔽咖啡树用的树种也应该多样化。

海　拔：900~1 500米

采收期：10月~次年2月

品　种：S795、Cauvery、Selection 9

## 卡纳塔克邦（Karnataka）

　　此邦出产全国绝大多数的咖啡。过去名为Mysore，1973年更名为Karnataka邦。名称的意义众说纷纭，有人认为是"高升之地"，有人则说是"黑色区域"，后者源于在此区发掘的黑眠土（变性土）。

### Bababudangiri

　　此区被认为是印度咖啡的源起之地，因为由Baba Budan从也门所偷运入境的咖啡种子就种在此区。

海　拔：1 000~1 500米

采收期：10月~次年2月

品　种：S795、Selection 9、Cauvery

左图：咖啡果实正被平铺晒干，此处位于泰米尔纳德邦的古尔格（Coorg）地区，该邦为印度四大咖啡产地之一。

## 吉格默格卢尔（Chikmagalur）

这是相当大的区域，Bababudangiri产区也在其中。此区围绕在Chikmagalur市周围，也是此区名称的出处。区内罗布斯塔产量略高于阿拉比卡。

**海　拔**：700~1 200米
**采收期**：10月~次年2月
**品　种**：S795、Selection 5B、Selection 9、Cauvery、罗布斯塔

## 吉尔格（Coorg）

此区多数种植园由英国人在19世纪开发，印度于1947年独立后再转卖给当地人。区内罗布斯塔的种植面积是阿拉比卡的两倍，但因其高产量的特性，罗布斯塔的生产量是阿拉比卡的三倍。

**海　拔**：750~1 100米
**采收期**：10月~次年2月
**品　种**：S795、Selection 6、Selection 9、罗布斯塔

## Manjarabad

此区专注于种植阿拉比卡，不过在印度咖啡委员会举办的咖啡竞赛中，几个产有罗布斯塔咖啡的庄园也表现出优异的品质。

**海　拔**：900~1 100米
**采收期**：10月~次年2月
**品　种**：S795、Selection 6、Selection 9、Cauvery

## 喀拉拉邦（Kerala）

这个位于西南部的邦出产全印度近三分之一的咖啡。马拉巴海岸位于此地，因此季风马拉巴及有机咖啡在此区要比其他产区发展得更好。此区香料的外销始于16世纪，葡萄牙人最早来到此地，进而建立起贸易商路，也为之后欧洲殖民印度开辟了道路。

## Travancore

此区多半种植罗布斯塔，不过某些高海拔地区生产阿拉比卡。

**海　拔**：400~1 600米
**采收期**：10月~次年2月
**品　种**：S274、罗布斯塔

## Wayanad

在印度此区属于低海拔，因此唯有罗布斯塔才能在此生长。

**海　拔**：600~900米
**采收期**：10月~次年2月
**品　种**：罗布斯塔、S274

## 安得拉邦（Andhra Pradesh）

东高止山脉沿着印度东海岸绵延，为咖啡种植提供了需要的海拔高度。此区咖啡产量相对较少，多数为阿拉比卡。

**海　拔**：900~1 100米
**采收期**：10月~次年2月
**品　种**：S795、Selection 4、Selection 5、Cauvery

# 印度尼西亚 Indonesia

印度尼西亚群岛在咖啡种植上首次尝试便遭挫折。1696 年雅加达（当时名为 Batavia）总督收到印度马拉巴荷兰总督赠予的咖啡树苗，不过这些新树苗在雅加达的一场洪水中丧失殆尽。第二批树苗在 1699 年送到，这一次咖啡树才蓬勃生长。

印度尼西亚咖啡的外销始于 1711 年，当时由荷兰东印度公司（Vereenigde Oostindische Compagnie，简称 VOC）管理。运送到阿姆斯特丹的咖啡可以卖到相当高的价格，1 千克的价格将近每人年均收入的 1%。即使咖啡价格在 18 世纪最终下跌，毫无疑问，对 VOC 来说，咖啡可谓摇钱树。不过，当时的爪哇岛处于殖民统治之下，因此对咖啡农一点好处都没有。1860 年，一位荷兰殖民官员写了一部小说《马克斯·哈弗拉尔：或荷兰贸易公司的咖啡拍卖》（*Max Havelaar: Or the Coffee Auctions of the Dutch Trading Company*），描述了殖民体制如何滥用。这本书给荷兰社会带来深远的影响，使大众对咖啡贸易与殖民体制开始有所了解。如今马克斯·哈弗拉尔已经成为咖啡产业的道德认证。

印度尼西亚一开始仅生产阿拉比卡，但咖啡叶锈病在 1876 年盛行，将许多咖啡树铲除一空。有人尝试改种 Liberica 品种，但同样难以对叶锈病免疫。因此众人开始改种对疾病有抵抗力的罗布斯塔。现今罗布斯塔依旧占印度尼西亚咖啡的绝大多数。

## 湿剥除法

印度尼西亚咖啡豆的特点也是印度尼西亚咖啡的口感可以如此变化多端的原因之一，它就是采收后所使用的湿剥除法（giling basah）。它是融合了水洗与日晒处理法而形成的咖啡处理过程（详见第 37 页）。这种半水洗的过程对咖啡质量有至关重要的影响。一旦经过这一程序，咖啡的酸度便大大降低，但似乎同时增添了醇厚度，创造出一

咖啡种类
阿拉比卡
罗布斯塔

种口感柔顺、圆润、醇厚的咖啡。

这样的方式也为咖啡带来多样化的口感，有时会充满植物或药草的香气，或带有木味、霉味或土壤气息。但这并不表示所有使用这种方式处理的咖啡都有相同的质量与口感。这类咖啡的质量差异甚大；半水洗咖啡的口感之分歧在咖啡业界是出了名的。倘若来自非洲或中美洲的咖啡出现这样的风味，不论处理过程多么严谨，都会被视为瑕疵品，立即遭潜在买家拒绝。然而，许多人认为这样浓郁而醇厚的印度尼西亚半水洗处理的咖啡相当美味，因此业界的购买欲望依旧强烈。

近几年来，精品咖啡买家开始鼓励印度尼西亚的所有咖啡生产者尝试以水洗法处理咖啡豆，以便使品种本身以

**咖啡口感**

半水洗咖啡多半拥有十分醇厚的口感，带着土壤、木头与辛香，但酸度低。

及产地风味（而非仅是来自处理手法）显露出来。未来是否会有更多生产者开始制造风味更纯净的咖啡，还有半水洗咖啡的需求能否持续下去，值得拭目以待。

下图：一名印度尼西亚女子爬上一棵大型咖啡树，以便采收咖啡果实。荷兰东印度公司自16世纪起就通过外销咖啡获取暴利。

## 猫屎咖啡（Kopi Luwak）

在印度尼西亚，猫屎咖啡指收集吃了咖啡果的麝香猫粪便而制成的咖啡。这类仅半消化的咖啡果与粪便分离之后，会经处理而后干燥。过去10年，这类咖啡被视为新奇有趣，加上某些人毫无根据地宣称此种咖啡的口感如何绝妙，因此猫屎咖啡得以卖出高价，继而造成两大问题。

首先，这类咖啡的伪造司空见惯。市面上售卖的数量远高过实际生产量，而且多数由低等级的罗布斯塔冒充。

其次，这样的风潮鼓励岛上的商人不法捕抓并囚禁麝香猫，强迫喂食咖啡果，而且动物的生存环境相当恶劣。

对笔者而言，猫屎咖啡没有任何优点。想喝到美味的咖啡，这绝对是浪费钱。猫屎咖啡价格的四分之一已经能让你买到世界上最优异的生产者的顶级咖啡。我认为生产猫屎咖啡的方式等同于虐待动物，非常不道德，因此人们应该避免任何经由动物加工的咖啡，更不要用自己的钱奖励这类卑鄙的行为。

## 产销履历

虽然要追溯到单一咖啡庄园是有可能的，但这样的情况十分少见。不过这类具产销履历且经全水洗处理的咖啡（而非半水洗）绝对值得尝试。

多数咖啡由小农户生产，他们多半仅拥有1~2公顷的土地，因此多数咖啡仅能追溯到湿处理厂或产区。即便来自同一产区，质量也会有极大差异，因此购买这类咖啡犹如赌博。

左图：在楠榜省的Tanggamus，数篮罗布斯塔咖啡果实铺散在地上，等待日晒；此区是印度尼西亚最大的咖啡产区。

# 产 区

人　口：263 510 000人

**2016 年产量（60 千克／袋）：**

11 491 000 袋

印度尼西亚咖啡起源于爪哇岛（Java），之后慢慢散布至其他岛上。1750 年先传到苏拉威西岛（Sulawesi），一直到 1888 年才抵达北苏门答腊（Northern Sumatera）。最初是种植在多巴湖（lake Toba）周围，到了 1924 年开始出现在迦佑（Gayo）的塔瓦湖（lake Tawar）区。

## 苏门答腊

苏门答腊岛上有三个主要产区：北部亚齐省（Aceh）和略往南的多巴湖区域；近年来咖啡也被种植在南部的 Mangkuraja 周边。要追溯咖啡的来源至较小的区域是可能的：如亚齐省的 Takengon 或 BenerMariah、多巴湖区周围的 Lintong、Sidikalang、DolokSanggul 或 SeribuDolok。这样追溯产销履历是近期的发展。

过去常见以"苏门答腊曼特宁"（Sumatera Mandheling）为名销售的咖啡。曼特宁不是地名，而是岛上的一个族群。曼特宁咖啡多半会带有数字等级，像是 1 或 2，这样的分级基本上是根据杯测质量而非生豆（较为普遍的分级方式）。但我不会大力推荐所有的一级咖啡，因为有时这样的分级显得有些随意。

此地通常不会将不同品种的咖啡分开，因此多数苏门答腊咖啡可能会混合多样不知名的品种。苏门答腊的咖啡由棉兰港（Medan）出口，不过这里炎热而潮湿的气候会给咖啡带来负面影响，尤其在港口搁置太久等待出口时。

海　拔：亚齐省 1 100~1 300 米，
　　　　多巴湖 1 100~1 600 米，
　　　　Mangkuraja 1 100~1 300 米

采收期：9 月~12 月

品　种：帝比卡（包括 Bergandal、Sidikalang 与 Djember）、TimTim、Ateng、Onan Ganjang

**老布朗爪哇（陈年曼特宁）**

有些位于爪哇的咖啡庄园选择在出口前让咖啡先行熟成最多五年时间。咖啡生豆的颜色会从经半水洗程序的一般蓝绿色转变为棕土色。经过烘焙后，咖啡变得毫无酸度，仅留下某些人会欣赏的浓郁辛辣与木质气息。不过如果你喜欢口感甜美、纯净而充满活力的咖啡，那么你可能会很厌恶这一类。

## 爪哇

在爪哇岛上寻找咖啡庄园要比其他岛来得简单。一方面是因为此区的殖民历史，另一方面是因为这是荷兰人惯用的做法。岛上四个最大的农场原本是政府拥有的庄园，总面积达 4 000 公顷。长久以来，此区的咖啡拥有极高的声望，不过我相信用不了多久应该就会出现其他替代真正"摩卡—爪哇"（Mocha-Java）混合豆的产品。长期以来，爪哇咖啡都能获得高价，不过在 20 世纪末开始出现下跌的情况。多数咖啡都种植在爪哇岛东部靠近伊真（Ijen）火山附近的区域，不过岛上的西部地区也有咖啡种植。

海　拔：900~1 800 米

采收期：7 月~9 月

品　种：帝比卡、Ateng、USDA

## 苏拉威西岛

苏拉威西岛上有七座大型庄园，产出的咖啡占岛上咖啡总产量的5%，咖啡多半仍由小农户生产。岛上多数的阿拉比卡都种在海拔较高的Tana Toraja，往南则有Kalosi城，它也成为区内咖啡的品牌名称。另外两个较不具知名度的咖啡产区为西部的Mamasa以及Kalosi之南的Gowa。岛上一些最迷人的咖啡经全水洗处理，口感十分美味。如果你有机会找到这类咖啡，我会强烈推荐。半水洗处理在此地仍相当普遍，岛上也生产不少罗布斯塔。咖啡的生产在此地相对不具组织性，因为许多咖啡小农只是为了有额外的收入，重心多放在其他的农作物上。

**海　拔**：Tana Toraja 1 100~1 800米，
Mamasa 1 300~1 700 米，
Gowa平均 850米

**采收期**：5月~11月

**品　种**：S795、帝比卡、Ateng

## Flores

位于巴厘岛（Bali）东边约320公里的一座小岛上，在所有印度尼西亚岛屿中，这里的咖啡种植及声望发展算是相当晚的。过去大多数Flores咖啡仅在岛上混入其他咖啡豆售卖，少见单一的"Flores咖啡"。岛上有不少活火山与死火山，对土壤带来正面的影响。岛上最主要的产区为Bajawa。咖啡普遍以半水洗过程处理，但也有不少经全水洗处理的咖啡。

**海　拔**：1 200~1 800米

**采收期**：5月~9月

**品　种**：Ateng、帝比卡、罗布斯塔

## 巴厘岛

咖啡来到巴厘岛的时间非常晚，最初仅种植在Kintamani的高原上。岛上的咖啡产业在1963年阿贡火山（Gunung Agung）爆发时严重受挫，当时造成2 000人死亡，给岛上的东部地区带来严重灾难。20世纪70年代末期及20世纪80年代早期，政府开始鼓励咖啡生产，方法之一是给农民提供阿拉比卡种苗。但或许我们可以说这样的推广方式并不成功，因为如今全岛的咖啡有80%为罗布斯塔。

观光业是岛上最重要的收入来源，农业则提供了最多的工作机会。过去，日本是巴厘岛咖啡的最大买家，几乎买走了岛上的所有咖啡。

**海　拔**：1 250~1 700米

**采收期**：5月~10月

**品　种**：帝比卡与帝比卡变种、罗布斯塔

下图：咖啡生豆在巴厘岛种植园中进行日晒干燥。咖啡生产为此地创造了许多就业机会，此地咖啡多销往日本。

# 巴布亚新几内亚
## Papua New Guinea

许多人会将巴布亚新几内亚的咖啡与印度尼西亚的相提并论，不过这并不公平。巴布亚新几内亚位于新几内亚岛东部，与相邻的巴布亚在咖啡的生产上差异巨大。

岛 上的咖啡生产历史并不长。虽然咖啡种植早在19世纪90年代便开始了，但最初并未被视为商业产品。到1926年，18座庄园成立，当时使用的是来自牙买加蓝山咖啡（Blue Mountain）的种子。到1928年，咖啡产业才开始蓬勃发展。

20世纪50年代，产业开始有了结构性成长，随着基础

对页图：巴布亚新几内亚东侧与西侧的高地在咖啡的生产上最为知名，多数种植园属于小农。

设备的兴建，岛上与咖啡相关的活动得以蓬勃发展。另一波更长足的发展出现在20世纪70年代，原因可能是巴西咖啡产量的下滑。那时政府提供了一系列补助方案，鼓励小型农场转为由共同合作社经营。业界当时多半着重在庄园的管理上，但自20世纪80年代起，产业结构开始改变，重心也开始分散。或许因为咖啡价格下跌，许多庄园陷入财务危机。相较之下，小农受市场波动的影响较小，得以继续生产咖啡。

如今岛上95%的生产者皆为自给自足的小农，生产全国90%的咖啡，几乎全数为阿拉比卡。

这也表示境内相当大比例的人口

太平洋

Manus Island

Bismarck Archipelago

Wewak

Sepik

巴布亚新几内亚

New Ireland

WESTERN HIGHLANDS

JIWAKA

Madang

Mount Hagen

△ Mt Wilhelm

Goroka

EASTERN HIGHLANDS

CHIMBU

Lae

Kimbe

New Britain

Bougainville
Arawa

所罗门海

所罗门群岛

印度尼西亚

Fly

巴布亚湾

莫尔兹比港

D'Entrecasteaux Islands

主要

咖啡产区

0 miles 200

0 km 200

珊瑚海

上图：虽然巴布亚新几内亚在20世纪初才开始种植咖啡豆，但如今咖啡种植已经是当地的支柱产业。种植在高地地区的阿拉比卡是主要的出口品种。

都与生产咖啡有关，尤其是居住在高地区域的人们。这对生产大量高品质咖啡的工作来说是个极大的挑战，因为许多生产者缺乏恰当的采收后处理的渠道。缺乏产销履历也使高品质咖啡无法得到应有的回馈。

## 产销履历

不少大型庄园仍然经营得有声有色，因此要找到

### 咖啡口感

来自巴布亚新几内亚的优质咖啡通常都带有奶油般绵密的口感，拥有绝佳的甜美度与复杂度。

### 分级

外销的咖啡豆以质量分级，等级由高至低分别为：AA、A、X、PSC与Y。前三者授予庄园咖啡名称；后两者为小农咖啡，其中PSC是优质小农咖啡（Premium Smallholder Coffee）的缩写。

来自某一庄园的咖啡是可能的。产销履历的概念在岛上拥有的历史并不长，过去有些咖啡农也会从其他生产者那里买入咖啡，包装成自有品牌来销售。将咖啡按区域售卖是相当新式的做法。不过岛上的海拔与土壤确实使此地的咖啡拥有绝佳的潜力，过去几年也开始吸引精品咖啡业者的注意。购买时可着重于能够追溯到单一庄园或生产者集团的咖啡豆。

## 产 区

人　口：7 060 000人

**2016 年产量（60 千克／袋）：**
1 171 000 袋

　　巴布亚新几内亚的多数咖啡都产自高地（Highlands）省，区内生产优质咖啡的潜力值得期待。虽然有些咖啡种植在这些产地之外，但产量极小。

### 东高地省（Eastern Highlands）

　　岛上有一座跨越全区的山脉，东高地即是此山脉的一部分。

海　拔：400~1 900米

采收期：4月~9月

品　种：波旁、帝比卡、Arusha

### 西高地省（Western Highlands）

　　这是另一个主要的咖啡产区。多数咖啡都种植在区内首府 Mount Hagen 周围，城市名称源自一座古老的休眠火山。来自此区的咖啡多半在 Goroka 处理，因此有些咖啡要获得产销履历并不容易。海拔和无比肥沃的土壤使此地的咖啡品质潜力无穷。

海　拔：1 000~1 800米

采收期：4月~9月

品　种：波旁、帝比卡、Arusha

### 钦布省（Simbu Province）

　　钦布省（官方正式拼法为 Chimbu）是境内第三大咖啡产区，但产量比其他两个高地省份相对低一些。区名源自当地方言，而"Sipuuuu"一字意思为"谢谢你"。此地多数咖啡产自小农自家周围的咖啡庭园，区内90%的人口从事咖啡相关行业，对许多人来说，这是他们唯一的经济作物。

海　拔：1 300~1 900米

采收期：4月~9月

品　种：波旁、帝比卡、Arusha

巴布亚新几内亚 ｜ 大洋洲　　177

# 菲律宾 The Philippines

根据最常见的版本，菲律宾的咖啡起源于 1740 年，当时由西班牙僧侣在八打雁省 (Batangas) 的立帕种下，在西班牙的殖民统治下，咖啡种植业迅速扩散到整个菲律宾，成为当地经济的基石，但后来消失得无影无踪。

**18**28年，为了促进教化，西班牙殖民者提出，只要种植 16 000 平方英尺的咖啡（相当于 6 000 棵树），就能获得他们提供的奖励。黎刹省（Rizal）遮罗遮罗（Jala Jala）地区的一个农民将他的土地变成咖啡种植园，赢得了 1 000 比索。他的成功起到了带头作用，其他农民的跟进让菲律宾的咖啡产量得以增加。

19世纪60年代，菲律宾的咖啡出口贸易蓬勃发展，最开始面对的海外大市场是以旧金山为门户的美国，1869 年完工的苏黎世运河也为菲律宾的咖啡出口打开了欧洲这个潜在市场的大门，到了19世纪80年代，菲律宾一跃成为世界第四大咖啡生产国，但到了 1889 年，已经袭击了多个国家的叶锈病也影响到了菲律宾的咖啡产量。

叶锈病及虫害严重打击了当时咖啡的重要生产省份——八打雁省，咖啡产量在两年内缩减了 80%。人们纷纷向北将咖啡种植到加维特（Cavite），咖啡在这里开始有复苏的迹象。然而，更多农民开始种植其他作物，这使得菲律宾的咖啡产业在接下来的 50 年里一直处于休眠状态。

20世纪50年代，在美国的协助下，菲律宾引进了罗布斯塔及其他具有抗病能力的咖啡品类，并规划了五年计划，企图复兴咖啡产业。这一计划算是成功了，产量每年都在逐步增加，但到 1962 年，本国的咖啡产量才实现自给自足，不需再依赖进口。其中一部分需求来自菲律宾各地的速溶咖啡工厂。

咖啡产量会受到世界货币价格的影响，此外，产量的消长也跟需求是否强劲有关。1975 年，巴西的霜害让菲律宾有了再次成为咖啡出口大国的机会。

**左图:** 菲律宾一个村子里的咖啡馆。20世纪60年代初期，菲律宾的咖啡生产还无法满足当地的需求，且只有少量咖啡出口贸易。

南海

菲律宾

太平洋

KALINGA

ABRA

ILOCOS SUR

MOUNTAIN
PROVINCE

IFUGAO

NUEVA
VIZCAYA

Luzon

BULACAN

马尼拉 Quezon City

CAVITE LAGUNA

BATANGAS

PORT MORESBY

MINDORA

Samar

Panay

Leyte

NEGROS
ORIENTAL

Cebu

Negros

BOHOL

NEGROS
OCCIDENTAL

PALAWAN

苏禄海

苏拉威西海

BUKIDNON

Mindanao

DAVAO

COMPOSTELA
VALLEY

COTABATO

Davao

BASILAN

SULU

主要

咖啡产区

0      miles      150

0      km      150

N

与过去的几年相比，如今菲律宾咖啡的产量越来越充足。激励计划的实施让咖啡的产量不停增长，但是本地非常旺盛的咖啡需求让菲律宾的咖啡几乎没有出口的机会。由于大多数地区种植的都是罗布斯塔，加上出口量非常少，在可见的未来，菲律宾生产出好喝咖啡的概率并不高。

## 咖啡口感

如果有幸找到比较好的批次，咖啡喝起来纯厚度非常高，果酸比较低，会有细微的花香与水果特质，但这样的咖啡非常少。然而，菲律宾还有两个在其他国家不常见的咖啡品种：赖比瑞亚种和伊克赛尔撒种。从风味的角度来看，这两种咖啡都没有令人惊喜的特质，但如果有机会还是可以尝试一下，会是一种有趣的体验。

## 产销履历

合作社、庄园及小农的咖啡通常会混合在一起销售。可追踪溯源的咖啡通常比较好，但你很难在菲律宾找到这样的咖啡。

右图：位于卡拉巴冗(Calabarzon)区域阿马迪欧(Amadeo)镇的一位农民，正在干燥咖啡樱桃果。菲律宾正在采取一些试验性的方法，希望重新成为国际咖啡贸易的一员。

# 产　区

人　口：100 982 000人

**2016年产量（60千克／袋）：**
200 000袋

菲律宾由7 641个岛屿组成，因此不像其他国家以山脉这样的地理特征来划分区域，而是以一群岛屿或者土地的集合来划分。

## 科地列拉行政区（Cordillera Administrative Region）

在吕宋岛（Luzon）北部，包括山省（Mountain Province）、班盖特（Benguet）、卡林迦（Kalinga）、音孚高（Ifugao）以及阿巴（Abra），科地列拉产区是唯一一个内陆产区，海拔也是菲律宾所有产区中最高的，吕宋岛北部低海拔的区域种植罗布斯塔。

海　拔：1 000~1 800米
采收期：10月~次年3月
品　种：红波旁、黄波旁、帝比卡、新世界、卡杜拉

## 卡拉巴冗（Calabarzon）

这个区域在马尼拉以南及以东，大多是低地，种植阿拉比卡以外的品种。

海　拔：300~500米
采收期：10月~次年3月
品　种：罗布斯塔、伊克赛尔撒、赖比瑞亚

## 民马罗巴（Mimaropa）

这个区域由西南区域的小岛组合而成，这些小岛隶属于民多罗（Mindoro）、马林度克（Marinduque）、戎不朗（Romblon）以及八拉旺（Palawan）这四个省份，虽然这个区域内有高山，但咖啡大多生长在低海拔的地方。

海　拔：300~500米
采收期：10月~次年3月
品　种：罗布斯塔、伊克赛尔撒

## 米沙鄢群岛（Visayas）

这个区域由很多小岛组成，包括以层叠的巧克力山丘出名的薄荷岛（Bohol），黑岛（Negros islands）的火山土壤非常适合种植咖啡，但海拔不够，这是咖啡品质不高的主要原因。

海　拔：500~1 000米
采收期：10月~次年3月
品　种：罗布斯塔、卡地姆

## 棉兰老岛（Mindanao）

菲律宾最南边的咖啡生长区域，也是产量最大的地区。菲律宾有将近70%的树种植在这个区域。

海　拔：700~1 200米
采收期：10月~次年3月
品　种：麦索、帝比卡、SV-2006、罗布斯塔、卡地姆、伊克赛尔撒

# 泰 国 Thailand

关于咖啡豆是如何引进泰国的，有两个比较有说服力的传说。一是在1904年，一位前往麦加的穆斯林朝圣者在回泰国的途中经过印度，带回了罗布斯塔的种子，并将它种在泰国南部的土地上；另一个故事发生在20世纪50年代，主角是一位意大利移民，他带来了阿拉比卡的种子，并种植于泰国北部。这两个故事的真实性暂且不论，单就咖啡来说，直到20世纪70年代，咖啡才开始成为泰国重要的经济农作物之一。

**19**72~1979年，泰国政府在泰国北部推行鼓励种植咖啡豆的措施。相较于种植罂粟或传统的农作物，咖啡较高的价格足以吸引农民投入土地种植。这项措施被认为是泰国咖啡种植的起点，但咖啡成为泰国的主要农作物则是之后的事了。

20世纪90年代，泰国咖啡的产量达到峰值，但在接下来的20年中，国际价格的频繁变化影响了农民种植咖啡的积极性，导致泰国咖啡的产量呈现剧烈波动的状态。泰国南部大多种植罗布斯塔，北部则多为阿拉比卡，阿拉比卡的价格变化较大，因此对北部高地阿拉比卡的产量影响也更为严重。许多咖啡从老挝以及缅甸走私进来，因此想要精确追踪泰国咖啡的产量有一定难度。

如今泰国的生产者仍有许多劣势，但咖啡的影响力正日益增加。大多数咖啡的品质较为低劣，但已经有一些农民和合作社开始很努力地生产高品质咖啡，内需的增加也进一步提升了整个产业的发展。

## 产销履历

只有极少数咖啡来自单一庄园，注重品质的生产者通常会组成生产团体或者合作社。

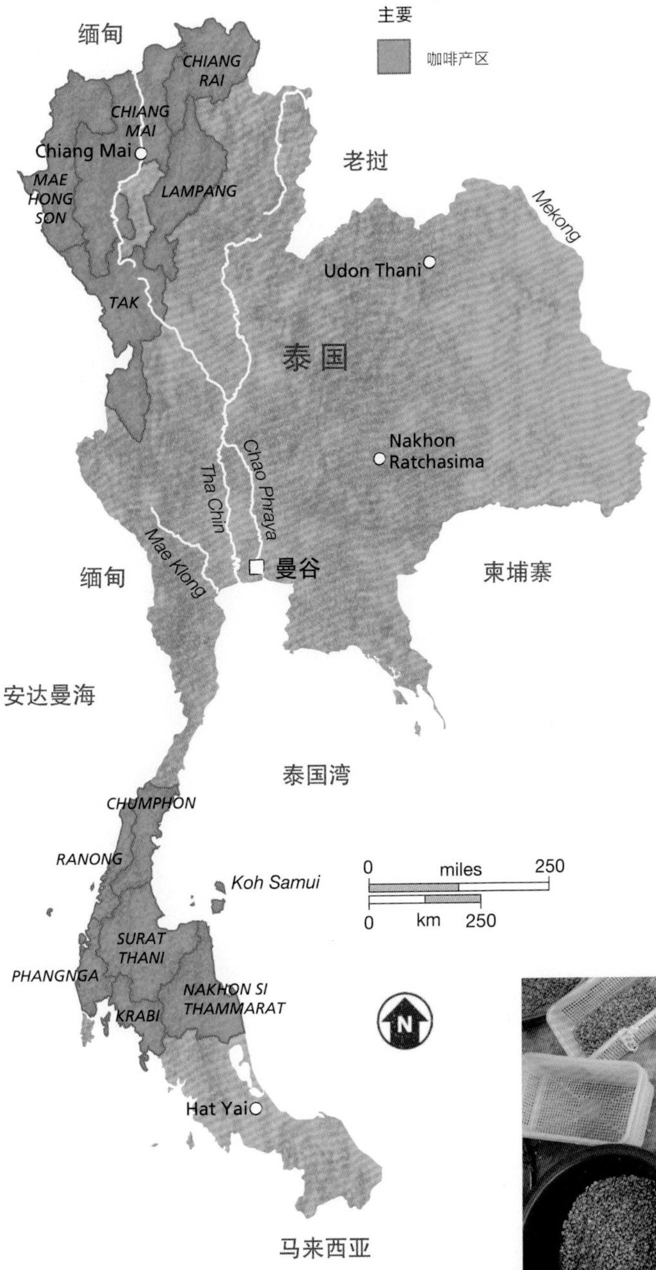

缅甸
CHIANG RAI
CHIANG MAI
Chiang Mai
MAE HONG SON
LAMPANG
TAK
老挝
泰 国
Mekong
Udon Thani
Nakhon Ratchasima
Tha Chin
Chao Phraya
Mae Klong
曼谷
缅甸
柬埔寨

安达曼海

泰国湾

CHUMPHON
RANONG
Koh Samui
SURAT THANI
PHANGNGA
KRABI
NAKHON SI THAMMARAT
Hat Yai

马来西亚

主要
咖啡产区

0　　miles　　250
0　km　250

N

# 产 区

人　口：68 864 000人
**2016年产量（60千克/袋）：**
4 900 000袋

## 泰国北部

　　北部的山区地带是主要的咖啡生产区域，有清迈、清莱、南邦、夜丰颂以及达府这些省份。泰国所有精品咖啡都出自这些区域，并通过Doi Chang收集。
**海　拔：**1 000~1 600米
**采收期：**11月~次年3月
**品　种：**卡杜拉、卡蒂姆、卡度艾

## 泰国南部

　　泰国南部只生产罗布斯塔，咖啡种植在素叻他尼、春蓬、那空是贪玛叻、攀牙、甲米以及拉廊省份。
**海　拔：**1 000~1 200米
**采收期：**11月~次年1月
**品　种：**罗布斯塔

## 咖啡口感

　　好的泰国咖啡喝起来会有甜感，相当干净，但是果酸相对来说会比较少。风味上带有一些香料、巧克力味，伴随较为丰厚的口腔触感。

**上图：**位于清莱省高地的Doi Chang咖啡社区中的工人正在挑选咖啡豆。
**对页图：**泰国北部的一个处理厂。泰国北部大多数的咖啡都是阿拉比卡，这些咖啡豆正在太阳下被摊开来干燥。泰国南部种植罗布斯塔。

每年11月至次年3月，泰国北部的咖啡产区会迎来收获的季节。图为一个妇女在清莱种植园采摘红色的咖啡果实。

# 越 南 Vietnam

将越南纳入这本详述高质量精品咖啡的书中确实不寻常，毕竟越南主要生产罗布斯塔品种。不过，越南在咖啡产业的地位非比寻常，因为此地的咖啡对每个咖啡生产国都有显著影响，实在值得放入书中，让读者对这个国家有所了解。

咖啡在1867年由法国人带入越南。最初以种植园模式培育，直到1910年才开始达到商业规模。中部高地邦美蜀区的咖啡种植在越战时期中断了。战争结束后，咖啡产业开始集团化，产值与产量都大幅降低。这期间，约2万公顷的土地产出约5 000~7 000吨咖啡。之后的25年里，用来种植咖啡的土地增加了25倍，而全国总产量则成长了100倍。

这样的成长率归功于1986年允许私人企业生产商业作物的改革开放政策（Doi Moi）。到了20世纪90年代，越南出现大量新公司，其中许多专注于大规模的咖啡生产。在那段时期，尤其1994~1998年，咖啡价格居高不下，因此业界热衷于提高生产量。1996~2000年，越南咖啡的产量呈双倍成长，对全球咖啡售价带来重大影响。越南成为全球第二大咖啡生产国，致使全球咖啡供过于求，造成咖啡价格崩盘。

即便越南生产的罗布斯塔多于阿拉比卡，仍对阿拉比卡的售价有所影响，因为许多大规模买家重视的是数量而非质量，因此供过于求的低价咖啡正好符合所需。

## 咖啡口感

高质量咖啡极少；多数口感都相当平淡，带着木质气息，缺乏甜美度或特色。

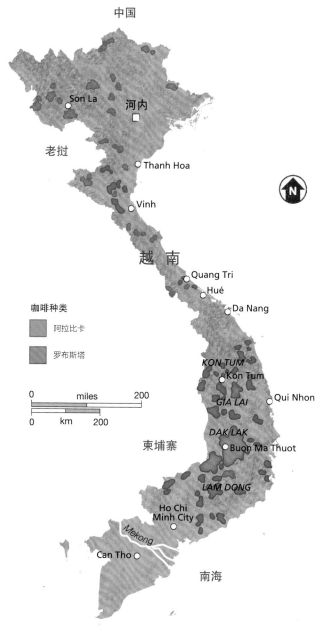

2000年，咖啡最高产量达到90万吨，之后产量大幅降低。然而，当咖啡价格恢复常态时，越南的咖啡产量也恢复到过往的景况。近年来产量更突飞猛进，2012和2013年达到约130万吨，对全球产业持续产生巨大影响。如今市场对越南阿拉比卡咖啡的需求与日俱增，不过缺乏较高海拔的地理环境使生产高质量的产品依旧是一项挑战。

## 产销履历

越南境内有不少大型庄园，多半由跨国企业控制。因此要知道咖啡的产销履历是可能的，不过，要找到高质量的咖啡并不容易。

**右图**：越南是全球第二大咖啡生产国，多数咖啡以人工采收。在邦美蜀的某种植园中，工人正在移除新鲜咖啡果实中的枝条与叶子。

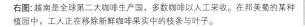
产　区

**人　口**：92 700 000人
**2016 年产量（60 千克／袋）**：
26 700 000 袋
因为市场上对具产销履历的咖啡需求极少，因此境内没有咖啡烘焙业者常使用的明确产区规范。

### 中部高地（Central Highlands）

此区由一连串高地组成，包括多乐、林同、嘉莱与昆嵩等省份，主要生产罗布斯塔品种。咖啡产业集中于区域首府邦美蜀周边。主要生产地区为多乐与林同，种植全越南约70%的罗布斯塔。阿拉比卡在中部高地区域的种植历史大约有100年，种植区域多在林同区的大叻市附近，不过仅占全国产量极小的一部分。

**海　拔**：600~1 000米
**采收期**：11月~次年3月
**品　种**：罗布斯塔以及一些阿拉比卡（可能是波旁种）

### 越南南部

胡志明市东北部同奈省周遭有一些咖啡种植，主要为罗布斯塔品种，也吸引众多大厂——如希望改善其咖啡供应链的雀巢公司（Nestlé）的注意。

**海　拔**：200~800米
**采收期**：11月~次年3月
**品　种**：罗布斯塔

### 越南北部

阿拉比卡种植在越南北部的山萝、清化与广治等地，靠近河内市。此区有足够高的海拔为阿拉比卡提供较佳的生长环境，但高质量咖啡很少见。即便阿拉比卡仅占越南咖啡总产量的3%~5%，却足以令越南成为全球第15大阿拉比卡生产国。

**海　拔**：800~1 600米
**采收期**：11月~次年3月
**品　种**：波旁、Sparrow（或称Se）、卡帝莫、罗布斯塔

一名工人在越南南部平阳省的一个由外销厂经营的仓库中搬运一袋咖啡。多数来自越南南部的咖啡都属罗布斯塔品种。

# 也 门Yemen

也门生产商业化咖啡的历史比任何国家都长。当地的咖啡极为独特，口感相当不寻常，因此可能并不容易被一般人接受。即便也门咖啡的市场需求极大，但当地的咖啡贸易从未随商业咖啡市场而变化。也门咖啡绝对独一无二，从品种、梯田式咖啡种植、处理方式到产业都显现出与众不同的特色。

**咖** 啡自埃塞俄比亚传到也门，也许是由商队传入，或是由从埃塞俄比亚前往麦加的朝圣者带来，在15~16世纪已有相当规模。从此地外销的咖啡也使摩卡港（Mocha）声名大噪。不过，我认为"摩卡"两字可以说是咖啡词汇中最令人困惑的名词了。

也门的农业结构十分独特，境内仅有3%的土地适合农耕；农业发展受限于水源。咖啡在梯田地上生长，海拔高，并需要额外的人工灌溉才能使咖啡健康苗壮。许多农民仰赖地下水等不可再生资源，有些人因此担心资源

耗损。施撒肥料并不常见，因此土壤养分的流失也是个问题。这一切因素加上咖啡产区位置偏远，都解释了为何境内会出现众多源自阿拉比卡的不同品种，且多数是各产区独有的。

也门咖啡由人工采收，工人在一季之内会多次造访同一棵咖啡树。即便如此，选择性摘采并不普遍，因此未熟或过熟的果实都会被同时采收。采收后的完整果实通常会经过日晒干燥处理，而且多半是在农民家的屋顶上进行。这些屋顶少有足够的空间，果实常出现堆排状

态，因此无法真正晒干，而出现干燥不均、发酵或发霉等缺陷。

每名生产者常仅种植少量咖啡。根据2000年人口普查报告显示，境内约有99 000户人家生产咖啡。据估计，该年度每户生豆的产量仅有113千克。

也门咖啡的全球需求量极高，外销总量的一半都运往沙特阿拉伯。需求量大、产量有限，加上生产成本极高，因此也门咖啡的售价居高不下。不过这样的需求量并没有使也门咖啡的产销履历透明化，境内咖啡的销售得通过一连串从农民到出口商的中间商网络。咖啡也极可能在出口商那里存放相当长的时间（通常好几年），因为不少外销者会将生产日期最早的存货先消化掉，而将最近期的收成存放在地下洞穴中。

自2015年内战开始以来，也门的咖啡产业受到了严重影响。虽然实际产量只下降了一点点，但出口量只有战前的一半。需要注意的是，由于市场上对也门咖啡的需求量不减，出现了许多贴有也门咖啡标签、实际却是较为廉价的埃塞俄比亚咖啡的假冒产品。

## 何谓"摩卡"（Mocha）

最初，"摩卡"一词是也门咖啡出口港的名称。这个词的拼法很快地就被改成"moka"，以描述也门咖啡强劲浓郁的风格。现今一些来自其他国家、经过日晒处理的咖啡也使用同样的名称，例如埃塞俄比亚的Moka Harrar。

也门咖啡经常与爪哇咖啡一起混调，因此有了"摩卡—爪哇"一词的出现。不过这个名称并未受到保护，如今已被许多烘焙业者用来描述他们创造的咖啡特调风格而非产地。如今"摩卡"一词也被用来描述混合了热巧克力与意式浓缩咖啡的饮品，这让消费者更加困惑。

## 咖许（Qesher）

咖许是相当受欢迎的咖啡副产品。它是在制造过程中从咖啡果实上取下、经干燥但未烘焙过的咖啡外壳。这些干壳通常当作茶一般冲泡，也是受也门人欢迎的一种咖啡的喝法。近年来，中美洲的咖啡生产者也开始尝试制造这类产品，当地称作cascara。通常它仅是干燥的咖啡果，而非包含果实与干壳的也门咖许。

## 产销履历

要追溯也门咖啡的产地来源并不容易。多数情况下，咖啡名称上会出现"摩卡"一词，这是当地的外销港口名。通常咖啡仅能追溯至特定的区域而非产地。另外，以当地咖啡的品种名称来描述咖啡也相当普遍，如Mattari。

右图：位于萨那西北部的古城Al-Masnaah，咖啡店家正在给顾客煮咖啡。也门咖啡贸易已有几百年历史，如今来自此地的咖啡仍然抢手。

拥有详尽的产销履历并非质量保证。通常来自不同产区的咖啡豆会在外销出口前被混合，之后使用市场上最具价值的咖啡名称出口。也门咖啡之所以抢手，原因在于它毫不寻常的口感及狂野而浓郁的气息——形成如此风格的原因之一是处理过程中产生的缺陷。假如你想尝试来自也门的咖啡，建议你向可信的供货商购买。烘焙业者必须杯测相当多糟糕的咖啡样品，才能找到一款优异的咖啡豆，这对盲目购买的消费者来说相当不利，因为你很可能买到一款口感不纯净，甚至带着腐烂及令人不悦气息的咖啡。

## 咖啡口感

狂野、复杂而浓郁，带给人一种与众不同的独特品饮经验。对某些人来说，这类带有野性、略微发酵的果味令他们倒尽胃口，但对其他人来说则是备受赞赏的咖啡。

# 产区

人　口：25 408 000人

**2016年产量（60千克/袋）：**

125 000袋

请注意，西方的地名拼写可能与也门当地使用的写法差异极大。每个也门产区的名称都是官方省份名，而非地理划分的区域。也门有21个行政区，其中仅12个种有咖啡，重要生产者则更少。

## 萨那（Sana'a）

许多自也门外销的咖啡都带有产于此区的品种名。不过，Mattari一词可以用来描述一个区域（Bani Matar周围），该品种名也可能源自此处。此区在萨那市附近，是世上最古老且持续有人居住的城市之一，海拔2 200米，是全球最高的城市之一。萨那省是也门最大的咖啡生产区域。

海　拔：1 500~2 200米

采收期：10月~12月

品　种：原生品种如Mattari、Ismaili、Harazi、Dawairi、Dawarani、Sanani、Haimi

## 赖马省（Raymah）

这个小型行政区在2004年建立，生产境内相当多的咖啡，近来也是非政府组织执行的水资源管理计划中的重点产区，目的在于帮助提升当地咖啡的产量。

海　拔：平均1 850米

采收期：10月~12月

品　种：原生品种如Raymi、Dawairi、Bura'ae、Kubari、Tufahi、Udaini

## 迈赫维特省（Mahweet）

位于萨那之南，At-Tawila城在15~18世纪成为咖啡生产的重要枢纽城市。此地是咖啡在海港出口前的集散地。

海　拔：1 500~2 100米

采收期：10月~12月

品　种：原生品种如Mattari、Tufahi、Udaini、Kholan

## 萨达省（Sa'dah）

此行政区不幸在2004年因内战而遭受重大损失。"sada"一词容易带来困惑，因为此词在阿拉伯文中指一种黑咖啡，在中东十分受欢迎，通常饮用时会加上一些辛香料。

海　拔：平均1 800米

采收期：10月~12月

品　种：原生品种如Dawairi、Tufahi、Udaini、Kholani

## 哈杰省（Hajjah）

这是另一个小型产区，围绕在哈杰市附近。

海　拔：1 600~1 800米

采收期：10月~12月

品　种：原生品种Shani、Safi、Masrahi、Shami、Bazi、Mathani、Jua'ari

# 美 洲

美洲是全球咖啡豆的最大供应者，但自
此外销出口的豆子在质量与种类上有极大差
异。即便巴西的咖啡豆产量占全球的三分之
一，但现在的市场对小农生产的稀有品种存
有广泛兴趣，例如巴拿马的瑰夏品种。生态
观光、农耕可持续发展以及共同合作社的发
展也改变了整个美洲咖啡采收与种植的现状。

# 玻利维亚 Bolivia

玻利维亚绝对有潜力成为优质咖啡的产地，如今也生产少量优质咖啡。全国总产量稍小于巴西境内略大的单一咖啡园的产量。但产量逐年减少，咖啡园也以惊人的数字消逝。或许在不久的将来，市场上将越来越难见到来自玻利维亚的优质咖啡。

关于咖啡如何进入玻利维亚及境内咖啡种植历史的资料实在少得可怜。从文献中发现，20世纪80年代玻利维亚有大量咖啡生产，不过信息仅限于此。这个国家面积不小，与埃塞俄比亚或哥伦比亚差不多。由于是内陆国，过去在外销上曾面临一些挑战，特别是时间与成本上的额外开销。

玻利维亚境内人口不多，仅有1 050万人。多数人相当贫穷，全国约25%的人口处于极度贫困的状况。这个国家仰赖矿物、天然气及农业，咖啡种植仅占少数。种植用作毒品的古柯叶对经济与农业造成的影响甚巨，让人难以忽视。许多咖啡农开始改种古柯叶，因为古柯叶的价格波动幅度较小，对生产者而言，能提供更多的生活保障。2010~2011年间咖啡价格高涨时，在玻利维亚与美国反毒品计划的经济援助下，许多农民受到鼓励转而从事咖啡生产。不过，之后咖啡价格再度下滑，许多农民再度改种古柯叶。

玻利维亚在许多方面拥有种植咖啡的理想环境：海拔够高，气候干湿季分明。境内咖啡多属古老的原生品种，如帝比卡及卡杜拉。近年来有些质量优异、口感纯净而复杂的咖啡自玻利维亚出口，不过并非常态。

过去，咖啡生产者总是在采收完成后先脱除咖啡果肉，再运送到中央处理厂。这产生了两大问题：首先，在运送到处理厂的过程中，咖啡可能会结冰；其次，果肉仍有相当的湿度，因此会继续发酵，这样一来，咖啡便会质量低下，并产生令人不悦的气味。现在越来越多讲究质量的咖啡农开始在自家农场内先行处理采收后的果实。美国在玻利维亚境内建立了几家小型咖啡湿处理厂，这也是反毒品计划经济补助的一部分。即便咖啡产业已做出不少改变以提升质量，但玻利维亚咖啡仍然没有邻国如哥伦比亚或巴西两国所拥有的名气。

如卓越杯的咖啡竞赛使最好的玻利维亚咖啡得以崭露头角。我推荐大家找找这些咖啡，趁它们还在市面上时及时享用。精品咖啡确实有较佳的回报率，但对质量有要求的咖啡农也开始逐渐放弃咖啡生产。

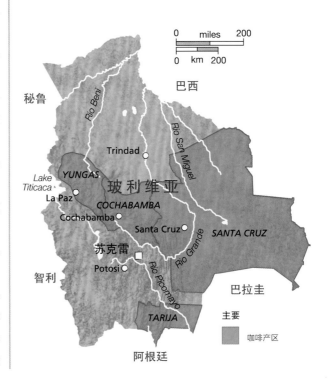

## 产销履历

　　玻利维亚咖啡通常都能追溯到单一农场或共同合作社。由于土地改革，拥有庞大土地的地主自1991年起已大幅减少。玻利维亚境内23 000个生产咖啡的家庭都是在约1.2~8公顷不等的小型农地上种植咖啡。玻利维亚的咖啡外销则由约30家私人外销公司负责。

# 产　区

**人　口**：11 411 000人
**2016年产量（60千克/袋）**：81 000袋
　　玻利维亚的咖啡产区少有明确的区域界定，不同的烘焙业者会以不同的惯用名称来描述咖啡产地。

### Yungas

　　玻利维亚95%的咖啡产自此区，过去此地的咖啡品质在欧洲也有好评，但近年来声望略微下滑。这个位于安第斯山脉东侧的地区被从秘鲁跨越玻利维亚至阿根廷的整片森林所覆盖。区内产出全球数一数二的高海拔咖啡，也是玻利维亚历史最悠久的产区。作家Ukers在1922年出版的著作《咖啡大全》（All About Coffee）中将此区称为"Yunga"。

　　拉巴斯位于Yungas之西，因此许多咖啡买家必须行经有名的"死亡之路"（Yungas Road）才能造访咖啡生产者。这条路通常是单行道，相当曲折，是开挖山侧而形成的道路，没有任何护栏保护车辆不致掉落到600米深的山谷。

　　这一产区幅员辽阔，许多咖啡烘焙业者会以更明确的区域来描述咖啡产地，如：Caranavi、Inquisivi或Coroico。

**海　拔**：800~2 300米
**采收期**：7月~11月

### 圣克鲁斯（Santa Cruz）

　　这是玻利维亚最东边的区域，但因为海拔不够高，高质量的咖啡并不常见。在伊西沃罗省也有咖啡种植，但重要性不如稻米或木材。这个区域是全国经济重镇，因为多数天然气都发掘于此。

**海　拔**：410米
**采收期**：7月~11月

### 贝尼（Beni）

　　此区位于玻利维亚东北部，幅员广阔但人口稀少。从技术上来说，贝尼的一部分位于Yungas的地理范畴内，不过有少量咖啡种植于Yungas区外。此区主要是牧牛区，但也有不少农作物，比如稻米、可可以及热带水果。

**海　拔**：155米
**采收期**：7月~11月

左图：玻利维亚很适合咖啡生长。不过地理环境使咖啡外销与生产变得相当困难。图中这条自拉巴斯通往科罗伊科的古老道路拥有"全球最危险的道路"之称。

# 巴 西 Brazil

巴西稳坐全球咖啡生产国龙头宝座已超过 150 年。如今巴西种植约全球三分之一的咖啡树，过去在全球咖啡市场的占有率曾高达 80%。咖啡在 1727 年巴西仍被葡萄牙统治时自法属圭亚那传入。

巴西的第一批咖啡由葡萄牙属地的巴西官员 Francisco de Melo Palheta 在巴西北部的 Para 区种植。根据传说，Palheta 因外交任务前往法属圭亚那，曾魅惑当地省长的妻子，在离开时，省长妻子送给他的花束内藏有咖啡的种子。回国后他种下的那些咖啡树可能仅限于在自家饮用，算不上重要的农作物。一直到咖啡种植开始往南延伸，自咖啡庭园扩展到咖啡农场之后，情况才有所改变。

## 商业规模种植开始

咖啡的商业种植始于里约热内卢附近的帕拉伊巴河。这里很适合种植咖啡，一方面地理环境理想，另一方面因邻近里约热内卢，利于外销。不同于其他中美洲的小型咖啡农场，巴西最初的商业咖啡农场规模极大，是以奴隶为劳工的种植园。这样的工业化生产形态在其他国家十分少见，可以说专属于巴西。这种方式极具侵略性：势力最强大、最具说服力的就可能赢得界线不明确时的产权争议。每名奴隶必须照料 4 000~7 000 棵咖啡树。一旦该地土壤过度损耗，整座农场便搬移到新的区域重新种植。

咖啡生产在 1820~1830 年间开始蓬勃发展，产量超越巴西国内市场所需，进而供给国外市场。那些控制咖啡生产的商人变得富可敌国且势力庞大，因此被称为"咖啡大王"（coffee barons）。他们的任何需求都会对政府的政策及政府对咖啡产业的支持度造成重大影响。

到 1830 年，巴西已生产全球 30% 的咖啡，1840 年增加到 40%。这样大幅的提升也造成全球咖啡价格的下滑。直到 19 世纪中叶，巴西的咖啡产业都仰赖奴隶劳工。超过 150 万名奴隶被带入巴西，在咖啡种植园内工作。英国政府在 1850 年禁止巴西引进非洲奴隶后，巴西开始转向寻求外来移民或内部奴隶交易。1888 年巴西全面废除奴隶制度时，人们担心咖啡产业会因此垮台，不过当年与之后的咖啡采收依旧顺利进行。

## 咖啡产业再度兴起

19 世纪 80 年代到 20 世纪 30 年代，咖啡产业再度兴起，这段时期也以当时两大重要的农产品命名。因来自圣保罗的咖啡大王及米纳斯吉拉斯州的乳品生产商带来的重大影响，这一时期被称为"咖啡与牛奶"（café com leite）时期。在这期间，巴西政府开始实行稳定物价的措施，以保护并稳定咖啡的价格。市场需求低时，政府会从生产商那里以较高的价格买入咖啡，并储存咖啡豆，直到市场价格提高。对咖啡大王来说，这表示咖啡价格会维持稳定，也避免供过于求造成咖啡价格下滑。

到 20 世纪 20 年代，巴西已生产全球 80% 的咖啡豆，咖啡产业也帮助这个国家兴建了许多基础设备。只增不减的产量最后造成咖啡生产过量，也加剧了 20 世纪 30 年代的全球经济大萧条对巴西造成的伤害。之后巴西政府不得已将 7 800 万袋咖啡烧毁，希望借此使

委内瑞拉　圭亚那　法属圭亚那

哥伦比亚　苏里南

大西洋

**AMAZON**

Amazon　Manaus

Amazon

Belém

Fortaleza

**BASIN**

Tapajós

Purus

Madeira

巴　西

Xingu

Araguaia

Tocantins

Tocantins

São Francisco

Recife

秘鲁

**RONDÔNIA**

*BAHIA CERRADO*

Salvador

玻利维亚

**BRAZILIAN**

巴西利亚

*CHAPADA DE MINAS*

*BAHIA PLANALTO*

大西洋

**HIGHLANDS**

*SÃO PAULO MOGIANA*

*CERRADO* Belo Horizonte

*CONILON CAPIXABA*

*SUL DE MINAS*

*MONTANHAS DE MINAS*

Paraná

Rio de Janeiro

São Paulo

巴拉圭

咖啡种类

阿拉比卡

Conilon / 罗布斯塔

*NORTE PIONEIRO DO PARANÁ*

*SÃO PAULO CENTRO OESTE*

N

阿根廷

Porto Alegre

0　miles　500

0　km　500

乌拉圭

咖啡价格恢复常态,可惜效果不明显。

第二次世界大战时,美国开始担心随着欧洲市场的关闭,下滑的咖啡价格可能会促使中南美洲国家向纳粹靠拢。为使咖啡价格稳定,各国同意采取咖啡配额制度,进而签订协议。这样的协议使咖啡价格开始上涨,直到20世纪50年代售价稳定了下来。这也进一步促成了1962年由42个生产国签署的国际咖啡协议(International Coffee Agreement,简称ICA)。配额根据国际咖啡组织(International Coffee Organization,简称ICO)订立的咖啡指导价格决定:假如价格下跌,配额便降低;倘若上涨,配额也随之增加。

这样的协议一直保持,直到1989年巴西拒绝接受配额减量,致使协约破裂。巴西认定自己是个效率十足的生产国,在协约之外运行更加有利。国际咖啡协议失败的结果是出现了一个不受管制的市场,售价也在之后的五年大幅下滑,致使咖啡危机产生,进而促使咖啡产业公平交易运动的兴起。

## 产量波动的时期

由于巴西在全球咖啡市场占有举足轻重的地位,

### 罗布斯塔生产国

即便并非本书的重点,但巴西值得注意的一点是,除了阿拉比卡,它也是全球罗布斯塔品种的主要生产国之一。罗布斯塔在巴西称为conillon,主要产区为朗多尼亚。

任何影响巴西咖啡生产的因素都会对全球咖啡售价带来相应的影响。其中一个因素是巴西农作物每年的交替循环,但可借轻度整枝来调整。轻度整枝在巴西并不常见,因为生产者通常偏好剧烈修整,因此次年仅会有少量收成。过去曾发生不少影响咖啡产业的重要事件,像是1975年的黑霜害致使来年产量减少了75%。

因霜害的侵袭,全球咖啡价格立即呈现两倍成长。2000年与2001年连续两年的产量都很小,2002年庞大的咖啡产量正好遇上全球产量过剩,造成咖啡价格长期低迷。

## 现代咖啡生产

巴西无疑是全球最先进也最仰赖工业化咖啡生产的国家。因注重产量,巴西在生产高质量咖啡方面的声誉并不高。大多数农场都采用相当粗劣的采收手法,像是直接剥除式采收(strip picking),整段树枝与咖啡果全数一次剥除。假如种植园的面积大且地势平坦(这在巴西的大型咖啡农场相当普遍),生产者则会以机械采收,方法是将咖啡果从树枝上摇下。这两种方法都没有将果实的成熟度纳入考虑,因此最终采收的咖啡中会有大量未熟果实。

在很长的一段时间内,巴西绝大部分的咖啡是在采收后于庭院内以日晒法晒干。20世纪90年代传入巴西的半日晒处理法(pulped natural process)确实对质量的提升有所助益。多年来,巴西的精品咖啡生产者——他们可能用人工采收,以水洗法处理咖啡,在高海拔种植有趣的咖啡品种——必须不断与大多数生产为了调配意式浓缩咖啡所需的低酸度、高醇厚度的巴西咖啡

潮流相对抗。

不过,虽然多数巴西咖啡都没有种植在与品质直接相关的高海拔地区,但依旧可能找到许多有趣而美味的咖啡。这个国家也生产许多纯净而甜美的咖啡,加上酸度不高,让许多人觉得十分易饮而美味。

## 国内消费量

巴西相当积极地提高境内咖啡的消费量,这样的努力也逐渐看到了成效。或许从小就给小孩喝咖啡的做法不是所有人都能接受,但如今巴西的咖啡消费量已经追上美国了。咖啡生豆不得进口至巴西,这表示在巴西种植的咖啡多数都在当地被消费掉;不过一般来说,当地人喝的咖啡质量都低于外销咖啡。

咖啡吧在各大城市蓬勃发展,咖啡价格与欧美那些较佳的咖啡厅不相上下,成为巴西境内贫富差距的另一象征。

## 产销履历

高质量的巴西咖啡通常可追溯到特定的咖啡园(fazenda),低质量咖啡则是大批量生产而无法追溯。标示"Santos"的咖啡仅表示这是经桑托斯(Santos)港外销,与咖啡产区无关。产销履历与质量直接相关的观点在巴西并不适用,因为境内有些咖啡园生产的咖啡产量要大过整个玻利维亚。虽然咖啡产地因为生产规模而可追溯,但并不意味着质量因此较高。

### 咖啡口感

较佳的巴西咖啡通常酸度低,具醇厚度而口感甜美,一般会呈现巧克力与坚果的气息。

对页图:一名巴西工人打开水洗槽的闸门,将干净的咖啡果实铲到推车上。

# 产 区

人 口：207 350 000人

**2016年产量（60千克/袋）：**

55 000 000 袋

巴西有许多不同的咖啡品种，很多是在此地发展或演变的，包括蒙多诺沃、黄波旁、卡杜拉与卡图艾。

## 巴伊亚产区（Bahia）

这个位于巴西东部、幅员辽阔的州是境内最北端的咖啡产区，近年来这里产出越来越多耐人寻味的咖啡。特别是在2009年的卓越杯竞赛中，最优异的十批咖啡里有五批来自此区，巴伊亚产区也因此得到广泛关注。

## Chapada Diamantina

这个美丽的区域以国家公园著称，名称来自当地的地理景观：Chapada描述此区陡峭的悬崖；Diamantina指19世纪在此地发掘的钻石。区内不少咖啡以自然动力法种植，这是一种有机农耕法，由鲁道夫·斯坦纳（Rudolph Steiner）（译者注：19世纪奥地利哲学家及改革家）提倡。

海　拔：1 000~1 200米

采收期：6月~9月

下图：一名巴西农民正用筛网将咖啡果与外壳分离，外壳会直接被风吹走。

## Cerrado de Bahia / West Bahia

此区以大规模、工业化及人工灌溉种植的咖啡著称。在20世纪70年代末期及20世纪80年代早期，政府为了鼓励农业的项目，提供小额信贷与奖励措施，吸引了约600名农民搬迁至此。到2006年，此地已有150万公顷地开发为农地，不过咖啡种植仅占少数。此区气候稳定、温暖、阳光普照，有助于提高产量，因此要从此区找到优质咖啡也相对困难。

海　拔：700~1 000米

采收期：5月~9月

### Planalto de Bahia

此区多为小规模咖啡园，凉爽的气候与高海拔有助于优质咖啡的生产。

海　拔：700~1 300米

采收期：5月~9月

## 米纳斯吉拉斯州（Minas Gerais）

位于巴西东南部，米纳斯吉拉斯州拥有全国最高的几座山脉，为咖啡种植提供了所需的海拔。

### Cerrado

Cerrado一词是热带草园之意。虽然这个词可以用来指绵延巴西数州的大草原，但用在咖啡上时指的是米纳斯吉拉斯州西部的Cerrado区。此区是相对较新的咖啡产区，或许因为如此，这里多半是大规模且以机械采收的咖啡园。此区超过90%的咖啡园面积超过10公顷。

海　拔：850~1 250米

采收期：5月~9月

### Sul de Minas

此区一直是大多数巴西咖啡的产地，有许多代代相传的小农户，因此这里的共同合作社得到蓬勃发展。即便小规模咖啡生产相当普遍，此区仍有不少相当工业化的区域，也有不少地区使用机械采收。区内的不少地区近来吸引了众人的目光，包括Carmo de Minas。这个围绕在Carmo村的自治市里有许多生产者善用此地的土壤与气候生产出优异的咖啡。

海　拔：700~1 350米

采收期：5月~9月

### Chapada de Minas

相较于其他巴西南部产区，本区位置偏北。此地在20世纪70年代末期开始种植咖啡，产量较小，因地势平坦，有些生产者采用机械耕作。

海　拔：800~1 100米

采收期：5月~9月

### Matas de Minas

此区的咖啡产业很早就开始发展，1850~1930年间因咖啡与乳制品而变得十分富有。虽然近年来开始略有转型，但农业收入的80%仍然来自咖啡。地形高低起伏，加上陡峭的山丘，咖啡因此必须以人工方式采收。即便境内有不少小农户（区内超过50%的咖啡园小于10公顷），但咖啡质量还没有建立起声望。不过这样的情况会逐渐有所改变，区内也有不少咖啡园产出优质的咖啡。

海　拔：550~1 200米

采收期：5月~9月

## 圣保罗州（Sao Paolo）

圣保罗州涵盖了巴西较具知名度的咖啡产区Mogiana。这个区域的名称来自Mogiana Railroad Company，也就是在1883年建立"咖啡铁路"的公司。它也促使了更好的交通运输方式的出现，咖啡生产在此进一步扩张。

海　拔：800~1 200米

采收期：5月~9月

## 马托格罗索州和南马托格罗索州（Mato Grosso and Mato Grosso Do Sul）

此区仅生产少量咖啡，广阔平坦的高地更适合牧牛，也种植大量的大豆。

海　拔：平均600米

采收期：5月~9月

## 圣埃斯皮里图（Espirito Santo）

相较于其他巴西咖啡的产区，此区面积较小。这里是全国年产量第二大的产区，首府维多利亚是主要的出口港。然而，将近80%的咖啡树属于Conillon（即罗布斯塔）。在此区东南部，农民倾向于生产阿拉比卡，这里有产出更多有趣咖啡的潜力。

海　拔：900~1 200米

采收期：5月~9月

## 巴拉那（Parana）

有些人会说此州是全球最南端的咖啡产区，这里也是巴西十分重要的农业地区。尽管面积仅占全巴西的2.5%，却出产近25%的农作物。过去咖啡是区内产量最大的农作物，不过经历1975年的霜害之后，许多生产者开始朝多样化发展。过去此区生产约2 200万袋咖啡，如今仅有约200万袋。最初的殖民者选择居住在海边，但因为咖啡的种植，许多人迁往内陆。区内缺少高海拔区域，因此少有真正高质量的咖啡，但较凉爽的气候有助于让果实缓慢成熟。

海　拔：最高950米

采收期：5月~9月

# 哥伦比亚 Colombia

咖啡可能在 1723 年由耶稣会修士传入，不过关于这点众说纷纭。咖啡逐渐散布到境内各区，成为经济作物，但直到 19 世纪末咖啡生产才真正开始扮演举足轻重的角色。到 1912 年，咖啡已占哥伦比亚外销总量的 50%。

哥伦比亚很清楚营销的价值，很早便开始建立品牌形象。1958 年创造的哥伦比亚咖啡代言人农夫胡安·瓦尔德兹（Juan Valdez）可说是他们最成功的一项策略。胡安·瓦尔德兹与他的骡子成为哥伦比亚咖啡的代表，他们的图像在咖啡包装上随处可见，也出现在不同的广告活动上，过去几年里由三位不同的演员扮演。胡安·瓦尔德兹成了一个容易辨识的品牌，尤其在美国，同时也增加了哥伦比亚咖啡的附加价值。早期的营销标语如"高山咖啡"（Mountain Grown Coffee）以及不断以"100% 哥伦比亚咖啡"做推广，使哥伦比亚咖啡在全球消费者心目中占据了独特的地位。

所有的营销推广计划都是由哥伦比亚咖啡农协会（Federación Nacional de Cafeteros，简称FNC）发起执行的。协会创立于1927年，对咖啡产业来说相当不寻常。虽然许多国家都有各种组织专事外销与推广事宜，但鲜少有规模如此庞大而复杂的组织。FNC是私人非营利组织，目的在于捍卫咖啡生产者的利益，资金源自咖啡外销收入中的特别税收。由于哥伦比亚是全球最大的咖啡生产国之一，FNC拥有庞大的资金，成为一个巨大的官僚组织。官僚化恐怕是难以避免的，因为如今FNC为50万名咖啡生产者会员所有。

FNC不仅在表面上涉及咖啡营销、生产及财务运作，它的触角更深入产区的社区发展层面，FNC对社会及实体建设贡献良多，包括修筑郊区道路、设立学校与健康中心等。FNC也投资诸多咖啡之外的产业，借以协助区域发展及增进居民福利。

## FNC 与品质

近年来FNC与较注重质量的生产者之间出现了一些摩擦。FNC为农民的利益设想，有时不一定对咖啡质量的提升有帮助。FNC设有名为Cenicafé的研究部门，专事特定品种的培育，许多人认为此部门对Castillo品种的推广是基于提升产量而非质量。不过两种做法各有利弊，全球气候变迁对哥伦比亚咖啡产业的稳定性开始造成影响，要反对一种能保证咖啡农生计不成问题的品种其实也很困难；即使最后必须牺牲一些风味较佳的品种。

## 产销履历

为推广哥伦比亚咖啡，FNC创造了两个术语"Supremo"与"Excelso"，值得注意的是，两者与咖啡豆的大小有关，但与质量无关。可惜的是，这样的分级也使产销履历变得十分模糊，因为这样分级的咖啡豆可

上图：哥伦比亚咖啡产区的规模在全球数一数二，外销由国家的联邦组织控管。境内拥有明确的产区界线，生产多样化的咖啡。

能来自许多不同的咖啡园，经混合后以机械筛选，依大小做出分级。"基本上这是一般等级的咖啡"，这样的名称对想购买高质量咖啡的买家来说并无帮助。精品咖啡产业则致力于维护产销履历。因此想买到令人赞不绝口的咖啡，要确定这些豆子来自特定的区域，而非仅针对咖啡豆的大小做标示。

### 咖啡口感

哥伦比亚咖啡带有许多不同的气味，有的浓郁呈现巧克力味，有的宛如果酱般甜美，带有果香。各个产区存在极大差异。

位于哥伦比亚中西部山区Risaralda的大型咖啡园，生产境内某些最具知名度的咖啡。

# 产 区

人 口：48 829 000人

**2016 年产量（60 千克/袋）：**

14 232 000 袋

哥伦比亚的产区界线十分明确，出产相当多样化的咖啡品种。不论你想要的是口感圆润而浓郁的咖啡，还是活力十足、多果香（或介于两者）的咖啡，在哥伦比亚应该都找得到。各产区以地理环境为分界而非行政区划，因此每个产区的咖啡出现类似之处也相当寻常。倘若你喜欢来自某个产区的咖啡，你可能也会喜欢其他许多不同区域的咖啡。

哥伦比亚的咖啡树一年两收，分为主产季与在当地称为mitaca的次产季。

## 考卡省（Cauca）

此区最出名的咖啡产自因扎（Inza）与波帕扬市附近。波帕扬市梅塞塔地区是一处高原，海拔高，有适于咖啡生长的理想条件。加上近赤道且群山环绕，咖啡不受太平洋的潮湿空气以及南方吹来的信风影响，因此此区气候全年十分稳定，另外此地还有著名的火山土壤。从古至今，此区雨季都是在每年的10~12月。

海　拔：1 700~2 100米

采收期：3月~6月（主产季），
11月~12月（次产季）

品　种：21%帝比卡、64%卡杜拉、15% Castillo

## 山谷省考卡河产区（Valle del Cauca）

考卡河谷是哥伦比亚境内土壤最肥沃的地区之一，考卡河从安第斯山脉两座大山之间流下。此区也是哥伦比亚武装冲突最激烈的地区之一。在哥伦比亚，多数农地都相当小，区内咖啡树的种植面积约75 800公顷，分属26 000座农园，为23 000个家庭所有。

海　拔：1 450~2 000米

采收期：9月~12月（主产季），
3月~6月（次产季）

品　种：16%帝比卡、62%卡杜拉、22% Castillo

## 托利马省（Tolima）

托利马是哥伦比亚恶名昭著的叛乱组织FARC的最后几个据点之一，该组织直到近年才解除对此区的控制。托利马过去几年都因战争而收入困难，来自此区的优质咖啡多半是出自小农户、经由共同合作社生产的微批次咖啡豆。

海　拔：1 200~1 900米

采收期：3月~6月（主产季），
10月~12月（次产季）

品　种：9%帝比卡、74%卡杜拉、17% Castillo

## 乌伊拉省（Huila）

乌伊拉省的土壤与地理环境都十分优异，适合咖啡种植。我品尝过不少口感最复杂而多果香的哥伦比亚咖啡多半来自此区。境内有7万名咖啡农，种植面积超过16 000公顷。

海　拔：1 250~2 000米

采收期：9月~12月（主产季），
4月~5月（次产季）

品　种：11%帝比卡、75%卡杜拉、14% Castillo

## 金迪奥省（Quindio）

金迪奥是哥伦比亚中部的一个小区域，位于首都波哥大西边。咖啡是区内相当重要的经济作物，因为此区失业率极高。不过，随着气候变化与咖啡树病害的概率增加，种植咖啡的风险也随之提高，这促使许多农民开始改种柑橘树与夏威夷豆。金迪奥也是国家咖啡公园（National Coffee Park）的所在地，这是一个以咖啡生产为主题的公园。自1960年起，每年6月底，Calarcá市都会举办一场全国性的咖啡派对。全天的庆祝活动都与咖啡有关，包括全国咖啡之花选美大赛。

海　拔：1 400~2 000米

采收期：9月~12月（主产季），
4月~5月（次产季）

品　种：14%帝比卡、54%卡杜拉、32% Castillo

## 里萨拉尔达省（Risaralda）

这是另一个有相当规模的咖啡产地，区内有很多隶属于共同合作社的农民，因此吸引了不少道德标章机构的注意。咖啡在此区的社会与经济中扮演极重要的角色，为许多人提供了就业机会。20世纪20年代，许多外来移民进入此区，多半为了种植咖啡。2000年前后的经济萧条使不少人开始移居其他区域或国家。区内首府是卡尔达斯与金迪奥两地的交通枢纽，贯穿两省之间的道路网络则被称为"咖啡公路"（Autopista del Café）。

海　拔：1 300~1 650米

采收期：9月~12月（主产季），
4月~5月（次产季）

品　种：6%帝比卡、59%卡杜拉、35% Castillo

## 纳里尼奥（Narino）

哥伦比亚某些海拔高的咖啡便种植于此，此区的咖啡口感常令人目瞪口呆且具高复杂度。要在如此高海拔的地区种植咖啡极具挑战性，因为植物容易得枯枝病。所幸本区十分接近赤道，气候仍适合咖啡生长。本区的4万名生产者绝大多数是小农户，每人拥有的咖啡园面积平均为2公顷。其中有不少组成互助团体或机构彼此支持，同时也是与FNC沟通协调的渠道。事实上，区内咖啡园平均面积仅1公顷，全区只有37个生产者拥有超过5公顷的土地。

海　拔：1 500~2 300米

采收期：4月~6月

品　种：54%帝比卡、29%卡杜拉、
　　　　 17% Castillo

## 卡尔达斯省（Caldas）

卡尔达斯省、金迪奥省及里萨拉尔达省同属哥伦比亚"咖啡金三角"（Coffee-Growing Axis），三者产出境内绝大多数的咖啡。在过去很长一段时间里，此区被认为是产出哥伦比亚最佳咖啡的地区，不过如今其他产区变得更具竞争力了。此区也是由FNC经营的国家咖啡研究中心（Cenicafé）的所在地。它是全球公认的顶尖咖啡研究机构，几个哥伦比亚的独特品种（比如对疾病有抵抗力的Colombia与Castillo品种）都是在这里培育出来的。

海　拔：1 300~1 800米

采收期：9月~12月（主产季），
　　　　 4月~5月（次产季）

品　种：8%帝比卡、57%卡杜拉、
　　　　 35% Castillo

## 安蒂奥基亚省（Antioquia）

此省是哥伦比亚咖啡及FNC的诞生地，也是重要的咖啡产区，种植面积达128 000公顷，为众产区之冠。此地咖啡由大型庄园与小型生产者组成的共同合作社生产。

海　拔：1 300~2 200米

采收期：9月~12月（主产季），
　　　　 4月~5月（次产季）

品　种：6%帝比卡、59%卡杜拉、
　　　　 35% Castillo

## 昆迪纳马卡省（Cundinamarca）

此省为首都波哥大所在地，是全球海拔最高（2 625米）的首都，超过咖啡所能生长的高度。这个区是哥伦比亚第二个开始外销的省份，产量在第二次世界大战时曾达到顶峰。当时此区生产全国大约10%的咖啡，之后产量开始逐渐减少。过去这里有不少规模极大的庄园，有一些拥有超过百万株的咖啡树。

海　拔：1 400~1 800米

采收期：3月~6月（主产季），
　　　　 10月~12月（次产季）

品　种：35%帝比卡、34%卡杜拉、
　　　　 31% Castillo

## 桑坦德（Santander）

这是哥伦比亚第一批开始外销咖啡的产区之一，相较于其他区域海拔略低，这从咖啡口感中也能感受出来：多半较为圆润甜美，而非多汁而复杂。此区的不少咖啡都经雨林联盟认证，生态多样化在此地也相当受重视。

海　拔：1 200~1 700米

采收期：9月~12月

品　种：15%帝比卡、32%卡杜拉、
　　　　 53% Castillo

## 北桑坦德省（North Santander）

此区位于北部，与委内瑞拉相邻，极早便有咖啡种植的记录，很可能是哥伦比亚的第一个咖啡产区。

海　拔：1 300~1 800米

采收期：9月~12月

品　种：33%帝比卡、34%卡杜拉、
　　　　 33% Castillo

## 内华达山（Sierra Nevada）

这是另一个海拔较低的区域，因此咖啡口感较为浓重而圆润，而非优雅而具活力。此区的咖啡种在安第斯山区，山坡无比陡峭（50度~80度），农民耕作极具挑战性。产区名称在西班牙语系国家相当常见，意思是"白雪覆盖的山脉"。

海　拔：900~1 600米

采收期：9月~12月

品　种：6%帝比卡、58%卡杜拉、
　　　　 36% Castillo

# 哥斯达黎加 Costa Rica

咖啡自 19 世纪早期便开始在哥斯达黎加种植。哥斯达黎加在 1821 年脱离西班牙而独立后，当时的自治政府将免费的咖啡种子发给农民，鼓励咖啡种植。文献记载那时哥斯达黎加约有 17 000 棵咖啡树。

**18**25 年政府持续推广咖啡种植，方法是免除咖啡的某些税收。1831 年政府更颁布命令，假如有人在休耕的土地上种植咖啡超过 5 年，便可以得到该地的所有权。

1820 年已有一小部分咖啡外销到巴拿马，但真正的外销从 1832 年开始。虽然这些咖啡最终要运往英格兰，但首先会经过智利，重新包装并命名为 "Café Chileno de Valparaíso"。

英国人增加对哥斯达黎加的投资后不久，两地的直接外销也自 1843 年开始。1863 年创立了 Anglo-Costa Rican

下图：位于阿拉胡埃拉省圣伊西德罗的 Doka 咖啡种植园是哥斯达黎加极具组织规模的生产方式的典范。自 19 世纪起广泛使用的湿处理厂使此地咖啡利于外销。

尼加拉瓜

Cordillera de Guanacaste

Liberia

GUANACASTE

哥斯达黎加

加勒比海

GUANACASTE

Puntarenas

Sarchi  *CENTRAL* *TRES RIOS*
*WEST* *VALLEY*
*VALLEY*  *TURRIALBA*
圣何塞  △*Volcan Irazu*

Puerto Limón

Cartago *OROSI*
*TARRAZÚ*

主要

咖啡产区

尼科亚湾

*Cordillera de Talamanca*

0  miles  50

0  km  50

N

太平洋

*BRUNCA*

巴拿马

银行，为产业发展提供资金。

从1846年到1890年将近50年的时间里，咖啡是该国唯一的外销作物。咖啡的生产也促进了基础建设的发展，例如建造境内第一条跨越全境、通往大西洋的铁路，同时资助了San Juan de Dios医院、第一间邮局、第一家国营印刷公司等机构的设立。此外还有文化上的影响，国家剧院就是早期由咖啡经济催生出的产物，另外还有第一座图书馆与圣托马斯（Santo Tomás）大学。

长久以来哥斯达黎加咖啡的基础建设有助于在国际市场上取得较佳的价格。水洗处理法在1830年引进；到了1905年，境内已有200家湿处理厂。水洗咖啡能获取较高的价格，如此处理的咖啡通常质量较佳。

咖啡产业此后继续成长，直到各产区可种植的区域都已饱和。境内人口从圣何塞（San José）向全国各处散布，农民四处寻找可供种植的农耕之地。不过，并非境内所有土地都适合种植咖啡，这点至今依旧抑制了咖啡产业的成长。

不可否认的是，长期以来，哥斯达黎加咖啡拥有绝佳的声望并能获取较佳价格，产于此地的咖啡多半口感纯净、令人愉悦，但并非有趣而独特。20世纪下半期，境内开始出现舍弃种植原生品种、转向高产量咖啡品种的声浪。当然高产量对经济成长有帮助，但许多精品咖啡买家注意到此地咖啡的杯测质量降低，甚至变得不那么

有吸引力了。不过近年来出现了一些转变，让人重新开始注意到哥斯达黎加的优质咖啡。

## 政府的角色

在哥斯达黎加，咖啡的种植从一开始便受到大力支持，政府更将土地发给那些想要种植咖啡的农民。1933年，因来自各咖啡产区的压力，政府成立了一个名称相当威猛的"咖啡防御机构"（Institute for the Defence of Coffee）。一开始，这个组织的功能在于保护小型咖啡农不致遭到剥削，防止不肖商人低价购入咖啡果，经处理后再以高价卖出而获取暴利。机构的做法是设定大型处理商的获利上限。

1948年，这个政府机构更名为Oficina del Café，部分职务转移到政府农业部。如今，这个组织已成为Instuto del Café de Costa Rica（ICAFE），至今依旧运行。ICAFE在咖啡产业涉入极深，他们设立实验农场，并在全球推广哥斯达黎加的优质咖啡。组织的资金来源是哥斯达黎加咖啡外销获利的1.5%。

区的咖啡也大量增加。一直以来,口感独特或不寻常的咖啡通常都会与邻近农场的咖啡相混合,不过这样的情况会越来越少。

正因如此,细细探索哥斯达黎加咖啡会让人感到欣喜无比。如今要品尝来自同一区域的不同咖啡变得更容易,因地理环境差异而出现的风格差异也变得明显。

## 咖啡与观光

哥斯达黎加是中美洲最先进也是最安全的国家,这使其成为十分受欢迎的观光景点,吸引了大量北美游客。观光业如今取代咖啡产业成为哥斯达黎加的主要经济来源,同时也与咖啡产业相互冲击与结合。生态观光业在哥斯达黎加十分受欢迎,要参观咖啡园也相当容易。提供咖啡观光行程的通常是较不重视品质的大型咖啡园。但是能近距离了解咖啡生产的过程也是件十分有意思的事。

## 产销履历

目前在哥斯达黎加,咖啡农拥有自己的土地十分常见,其中90%的咖啡生产者都有小到中等规模的土地,因此要追溯至单一咖啡园或特定共同合作社是可能的。

## 微处理厂革命运动

哥斯达黎加的咖啡长期以来在品质上广获好评,因此在国际商业咖啡市场上得以获取高价。精品咖啡市场开始发展后,产业缺少咖啡的可追溯性。在2000年前后,来自哥斯达黎加的咖啡在包装上多半以大型处理厂或咖啡农为名。这类品牌对咖啡的出处、产区的独特风土或质量的标示都相当模糊。在处理过程中也很少注重每批咖啡的独特性。

21世纪中期及晚期,境内开始出现许多微处理厂( Micro Mill )。咖啡农各自投注资金拥有自己的采收后处理设备,得以自行处理大部分咖啡。这表示他们对各自的咖啡与风格拥有更多的掌控权,来自哥斯达黎加各产

### 咖啡口感

哥斯达黎加咖啡通常十分纯净甜美,但醇厚度偏向淡雅。不过近来许多微处理厂开始生产口感与风格更多样化的咖啡。

## 产 区

人 口：4 586 000人

**2016 年产量（60 千克 / 袋）：**

1 486 000 袋

　　过去哥斯达黎加以不同产区名称营销咖啡的手法相当成功。不过每个产区的咖啡口感差异相当大，因此多了解不同产区之间的差异是十分值得的。

### 中央谷地（ Central Valley ）

　　首都圣何塞位于此区，圣何塞是哥斯达黎加人口最密集的城市，在咖啡种植的历史上也最为悠久。区内通常分为几个子产区：圣何塞、埃雷迪亚与阿拉胡埃拉。三座重要的火山也在此区：伊拉苏、巴尔瓦与波阿斯，影响了此地的地形与土壤。

海　拔：900~1 600米

采收期：11月~次年3月

### 西部谷地（ West Valley ）

　　19世纪时，第一个进入此区开发的农民开始种植咖啡。区内分为六个子产区，分别位于 San Ramón、Palmares、Naranjo、Grecia、Sarchi 与 Atenas 等城市附近。Sarchi 城的名字也是一个特殊咖啡品种 Villa Sarchi 的出处。区内海拔最高处在 Naranjo 周围，许多优异的咖啡都产于此地。

海　拔：700~1 600米

采收期：10月~次年2月

### Tarrazú

　　多年来，Tarrazú 区的咖啡在品质上广受好评。来自此区的咖啡多数属高质量等级，这类咖啡可能源于不同的咖啡园并混合在一起，以便创造出一批咖啡。不过因 Tarrazú 多年来的品牌名声，许多来自区外的咖啡也开始使用 Tarrazú 名称以抬高身价。境内海拔最高的咖啡园位于此区，和其他区域一样，此地得益于采收季的干燥气候。

海　拔：1 200~1 900米

采收期：11月~次年3月

上图：Doka咖啡园刚采收下来的咖啡果。工人采收的果实成熟比例越高、尺寸越大，就越能得到高价。

### Tres Rios

位于圣何塞东部的小产区同样受惠于伊拉苏火山带来的效应。此区直到近期一直被视为偏远的产地，不过如今咖啡产区面临的挑战不再是如何取得电力或基础设施，而是都市化发展。越来越多的土地被用来建造房舍，Tres Rios 的咖啡产量年年缩减，因为土地都卖给了开发商。

海　拔：1 200~1 650米

采收期：11月~次年3月

### Orosi

这是另外一个位于圣何塞东边的小产区，在咖啡生产上已有超过百年的历史。此区基本上是个相当长的河谷，区内包含三个副产区：Orosi、Cachí 与 Paraíso。

海　拔：1 000~1 400米

采收期：8月~次年2月

### Brunca

Brunca地区之下又分为两区：科托布鲁斯与巴拿马相邻，另一个是 Pérez Zeledón，其中科托布鲁斯在经济上更仰赖咖啡产业。意大利移民在第二次世界大战后来到此地，与哥斯达黎加人一起在此区开始种植咖啡。Pérez Zeledón 的咖啡最初在 19 世纪末由来中央谷地区域的移民种植。此区许多咖啡都是卡杜拉或卡图艾品种。

海　拔：600~1 700米

采收期：8月~次年2月

### 图里亚尔瓦（Turrialba）

因为气候与降雨量的关系，此区的咖啡采收早于其他地区。干湿两季并不明显，因此这里的咖啡树普遍会出现多重开花期。这样的气候对此地咖啡产业来说是个挑战，因此高质量的咖啡在此地相当少见。

海　拔：500~1 400米

采收期：7月~次年3月

### 瓜纳卡斯特省（Guanacaste）

这个位于西部的区域相当大，但是仅有极小部分种植咖啡。此区经济仰赖肉牛饲养与稻米种植的程度高于咖啡种植，但还是有大量咖啡生产，不过多生长在低海拔地区，因此优质咖啡较为少见。

海　拔：600~1 300米

采收期：7月~次年2月

# 古 巴 Cuba

古巴咖啡在 1748 年由伊斯帕尼奥拉岛（Hispaniola）传入，不过直到 1791 年逃离海地革命的法国移民迁入后，才开始有所谓的咖啡产业。到 1827 年，岛上有约 2 000 座咖啡园，咖啡也成为主要的外销产品，获利多于制糖业。

1953~1961 年间发生卡斯特罗革命后，咖啡园国有化，产量大幅减少。那些自愿种植咖啡的人没有任何经验，而先前在咖啡园工作的农民又因革命逃离了古巴。咖啡的种植在岛上经历了一段动荡的时期，政府也没有以任何奖励措施来推动咖啡产业的发展，不过咖啡产量倒是在 20 世纪 70 年代达到高峰，产出约 3 万吨咖啡。古巴咖啡产业发展举步维艰，同时中美洲其他生产国则在国际市场上取得了极大的成功。

苏联的解体使古巴变得更为孤立，美国对古巴的贸易禁运更代表一个潜在的市场就此被排除。日本是古巴咖啡的主要进口国，欧洲也是重要的市场。境内最优异的咖啡多半外销，通常约占总产量的五分之一，其他则在国内消费。古巴的咖啡产量不足以满足国内市场的需求，2013 年曾花费近 4 000 万美元进口咖啡。进口到古巴的咖啡质量并不高，因此价格相对便宜。但居高不下的市价迫使古巴必须将烤豌豆掺入咖啡才能达到足够的量。

如今古巴咖啡的产量仍然相当低，每年生产约 6 000~7 000 吨。许多设备都很老旧，多数生产者仍仰赖骡子来运输。道路往往因雨季与旱季交替而严重受损，也没有定期维护。咖啡通常经日晒风干，有时以机械干燥。外销的咖啡则经水洗。古巴的气候与地形很适合咖啡生长，而产量低更增加了咖啡的价值。不过生产者若想生产出高质量的咖啡，必须面对极大的挑战。

### 产销履历

古巴咖啡不太可能追溯到单一咖啡园，通常仅能追溯到特定产区或子产区。

### "古巴咖啡"（Cuban Coffee）

为数不少的古巴咖啡处理方式在全世界广为流传，包括 Cortadito、Café con Leche 与 Café Cubano；后者所指的是一种在咖啡粉中加入糖后所冲泡出的意式浓缩咖啡。

在许多国家，尤其是美国，在广告中看到"古巴咖啡"字眼是相当稀松平常的事。由于贸易禁运的缘故，真正的古巴咖啡在美国是非法的，但是这个术语多半用来描述 Café Cubano。通常来自巴西的咖啡也拿来代表古巴咖啡应有的口感，不过这种情况也让人担心会对消费者造成困惑，同时在标示时也出现混乱的情况。

### 咖啡口感

古巴咖啡带有岛屿咖啡特有的口感：相对低的酸度，醇厚度浓郁。

## 产 区

人　口：11 239 000人

**2016 年产量（60 千克 / 袋）：**

100 000 袋

　　古巴是加勒比海最大的岛屿，境内多为低海拔的平原，但其中也有不少山区适合种植咖啡。

### 马埃斯特腊山（Sierra Maestra）

　　这个多山的区域沿南部海岸延伸，自 16 世纪初期至 20 世纪 50 年代的革命时期一直是游击队长期出没之地。岛上多数咖啡都产于此地。

海　拔：1 000~1 200米

采收期：7月~12月

品　种：多为帝比卡，也有些波旁、卡杜拉、卡图艾与卡帝莫

### 埃斯坎布雷山（Sierra del Escambray）

　　古巴咖啡少部分产于这个岛上的中部山区。

海　拔：350~900米

采收期：7月~12月

品　种：多为帝比卡，也有些波旁、卡杜拉、卡图艾与卡帝莫

### 罗萨里奥山（Sierra del Rosario）

　　咖啡园自 1790 年便存在于此，不过如今仅有极少量古巴咖啡产于此地。山区是古巴的第一个生态保护区。

海　拔：300~550米

采收期：7月~12月

品　种：多为帝比卡，也有些波旁、卡杜拉、卡图艾与卡帝莫

上图：即便气候与地形很适合种植咖啡，古巴咖啡产业却因简陋的基础设施与设备不足而难以发展。

# 多米尼加 Dominican Republic

咖啡在 1735 年来到这个由西班牙控管的伊斯帕尼奥拉岛，即现今的多米尼加。最早的咖啡园可能位于靠近 Neyba 的 BahorucoPanzo 山丘上，到 18 世纪末，咖啡成为糖以外最重要的农作物，不过两者的种植都仰赖奴隶制度，直到 1791 年革命后，奴隶制度才结束。

咖啡的生产到 1822~1844 年才真正落地生根，尤其在南部山区的 Valdesia 区域。区内有数个咖啡产区，1880 年成为境内主要的咖啡制造中心。1956 年，多米尼加开始从特定产区外销咖啡，主要是 Bani、Ocoa 与 Valdesia。20 世纪 60 年代，这几个产区的农民开始变得更组织化，处理厂在 1967 年成立，拥有 155 名会员。

和许多咖啡生产国一样，20 世纪末咖啡价格的波动与不可预测使农民开始降低对咖啡外销的依赖，许多人改种豆科作物或酪梨，不过有些农民仍保留了一小部分咖啡，以等待价格恢复。虽然 Valdesia 并非政府法定的产区，但此区的农民在 2010 年推出 Cafe de Valdesia 品牌后，开始寻求保护此产区名称的方式。

## 外销与国内消费

有趣的是，自 20 世纪 70 年代末期开始，多米尼加的咖啡产量变化不大，外销数量却大幅降低，如今仅约 20% 的咖啡供出口。这是因为国内咖啡的需求增加了，每人每年约 3 千克，消费量超过英国。2007 年，外销量的一半通过波多黎各，算是进入美国的门户，其余则销售到欧洲和日本。

### 咖啡口感

典型岛屿咖啡的口感，质量较佳的那些通常口感温和纯净，酸度为低至中度。

自 2001 年起，越来越多外销的咖啡都是有机耕作并经过认证，使产业的价值与利润大幅提升。值得一提的是，虽然有机耕作基本上是好的，但并不表示这类咖啡的杯测质量较佳。

有些人认为多米尼加国内的消费量大导致整体咖啡质量低下，因为没有外来的竞争对手与其抗衡。尽管如此，境内仍然有不少优质的咖啡。

## 产销履历

虽然境内有不少具追溯性的咖啡，通常可以找到特定的咖啡园，不过多数外销的咖啡顶多只能追溯到产区。这些咖啡多半以豆子的颗粒大小分级，并采用"Supremo"等名称，或许质量略优，但与杯测质量无关。

## 产 区

人　口：10 075 000人

**2016年产量（60千克／袋）：**

400 000袋

多米尼加的气候与许多咖啡生产国不同。境内在气温或降雨量等方面没有明确的季节分别。这表示咖啡几乎全年都可生产，不过主产季一般在11月至次年5月。

### 巴拉奥纳（Barahona）

这个产区位于岛的西南方，来自此区的咖啡多数种在Bahoruco山脉附近。相较于其他国家，此区咖啡的质量已建立起名声。农业是主要产业，咖啡是主要作物。

海　拔：600~1 300米

采收期：10月~次年2月

品　种：80%帝比卡、20%卡杜拉

### Cibao

咖啡、稻米及可可并列为此区的重要农作物。Cibao位于岛的北部，名称意为"多岩之处"。此产区的明确位置在中央与Septentrional山脉之间的河谷区。

海　拔：400~800米

采收期：9月~12月

品　种：90%帝比卡、10%卡杜拉

### Cibao Altura

此区指Cibao产区内海拔较高的区域。

海　拔：600~1 500米

采收期：10月~次年5月

品　种：30%帝比卡、70%卡杜拉

左图：此处位于巴拉奥纳区的山区种植地，是多米尼加境内高质量咖啡的产地。

### 中央山脉（Central Mountains）

这是多米尼加境内的最高山脉，别称是"多米尼加阿尔卑斯"。此区的地形与周遭迥然不同，是唯一一处咖啡生长在花岗岩基底而非钙质土的产区。

海　拔：600~1 500米

采收期：11月~次年5月

品　种：30%帝比卡、65%卡杜拉、
　　　　5% 卡图艾

### Neyba

此区（也称为Neiba）以当地首府命名，位于岛的西南部。此区地势平坦，以种植葡萄、芭蕉和糖为主，咖啡则种在地势较高的Neyba山区。

海　拔：700~1 400米

采收期：11月~次年2月

品　种：50%帝比卡、50%卡杜拉

### Valdesia

这应该是岛上知名度最高的产区了，也被赋予法定产区（Denomination of Origin）的地位，以保护此区农产品的外销价值。由于地理界线得到明确保护，因此拥有良好的声望，来自此地的咖啡可获得较高价格。

海　拔：500~1 100米

采收期：10月~次年2月

品　种：40%帝比卡、60%卡杜拉

# 厄瓜多尔 Ecuador

咖啡在 1860 年前后才来到厄瓜多尔的马纳维，之后散布全区，1905 年开始自曼塔港外销到欧洲。厄瓜多尔是少数种植阿拉比卡与罗布斯塔的国家。

病灾在 20 世纪 20 年代袭击了可可树之后，许多农民开始将目标转移到咖啡上。咖啡外销在 1935 年开始起飞，过去 22 万袋的产量到 1985 年成长到 180 万袋。20 世纪 90 年代发生了全球咖啡危机，境内产量也无可避免地降低。2011 年，年产量再度恢复到约 100 万袋。直到 20 世纪 70 年代，咖啡都是厄瓜多尔主要的外销经济作物，不过后来被油、虾子与香蕉取代。

厄瓜多尔人的速溶咖啡消费量大于新鲜咖啡。奇妙的是，因为厄瓜多尔咖啡的生产成本不低，速溶咖啡制造厂必须自越南进口，而非使用本地咖啡。

厄瓜多尔的咖啡质量声望不高，原因之一是总产量的 40% 为罗布斯塔，但多数厄瓜多尔的外销咖啡品质依旧相对较低。为压低成本，许多咖啡都在树上或庭院内干燥后才采收，当地称这样的日晒处理法为 café en bola。这类咖啡通常用来制作速溶咖啡，全国 83% 的外销咖啡都使用日晒处理法。哥伦比亚是主要的进口国之一，因为哥伦比亚的速溶咖啡制造商比厄瓜多尔当地的商人更愿意付出较高的价格。这是因为哥伦比亚的咖啡品牌在外销市场十分强势，因此也相对昂贵。

虽然咖啡在厄瓜多尔有悠久的历史，但如今人们才开始认为此地的咖啡有无穷潜力。这里有绝对良好的地理条件与气候，可以生产优质咖啡，近来精品咖啡产业的资金投入是否会提升未来厄瓜多尔整体咖啡的质量，令人拭目以待。

## 产销履历

此地的咖啡很少能被追溯到单一庄园，多半来自一群生产者，或由出口商将多处来源的豆子混合成一个批次。这类咖啡可能来自众多咖啡农，质量有时也相当优异。

### 咖啡口感

厄瓜多尔咖啡开始表现出真正的品质，口感甜美而较为复杂的咖啡风味也开始呈现，带有一点儿令人愉悦的酸度，增添了咖啡口感的趣味。

人　口：16 144 000人

**2016年产量（60千克/袋）：**

600 000袋

厄瓜多尔咖啡开始受到精品咖啡产业的注意。即便低海拔的产区不太可能生产出优异的咖啡，但来自高海拔的咖啡仍拥有无穷潜力。

### 马纳维省（Manabí）

厄瓜多尔近50%的阿拉比卡咖啡产自此地。但此区几乎所有咖啡都种植在海拔700米以下，并不具有生产优异咖啡的地理条件。

海　拔：500~700米

采收期：4月~10月

品　种：帝比卡、卡杜拉、罗布斯塔

对页图和下图：厄瓜多尔的咖啡并不以品质著称，咖啡多半经日晒处理，当地称之为café en bola。

### 洛哈省（Loja）

境内大约20%的阿拉比卡来自这个多山的南部区域，从地理环境的角度看，此地拥有生产质量优异咖啡的条件，精品咖啡产业大多也把焦点放在这里。不过此区容易遭受恶劣气候的侵袭而成为咖啡果小蠹攻击的对象，正如2010年发生的情况。

海　拔：最高2 100米

采收期：6月~9月

品　种：卡杜拉、波旁、帝比卡

### 埃尔奥罗省（El Oro）

这个海岸区域位于西南方，包括部分安第斯山区，占厄瓜多尔咖啡年产量的10%。咖啡种植主要集中在萨鲁马附近（不要误认为萨莫拉）。

海　拔：1 200米

采收期：5月~8月

品　种：帝比卡、卡杜拉、波旁

### 萨莫拉-钦奇佩省
### （Zamora-Chinchipe）

此区位于洛哈省的东边，拥有种植优异咖啡的海拔高度，不过仅生产境内4%的阿拉比卡。有机农耕在这里算是相当普遍。

海　拔：最高1 900米

采收期：5月~8月

品　种：帝比卡、卡杜拉、波旁

### 加拉帕戈斯群岛（Galápagos Is.）

加拉帕戈斯群岛出产少量咖啡。此区的拥护者声称这里的气候与更高海拔的区域类似，因此得以生产优异的咖啡。这类咖啡价格不菲，但杯测质量鲜少与价格相符。

海　拔：350米

采收期：6月~9月，12月~次年2月

品　种：波旁

# 萨尔瓦多 El Salvador

萨尔瓦多在 19 世纪 50 年代开始出现商业化咖啡种植，咖啡很快变成一种受欢迎的经济作物，生产者也享有税收减免的优惠。之后咖啡生产成为萨尔瓦多的重要经济来源及主要的外销农产品，到 19 世纪 80 年代，萨尔瓦多成为全球第四大咖啡生产国，当时的产量是如今的两倍多。

19 世纪中期，化学染料的发明使萨尔瓦多不得不将过去仰赖的经济作物——用作靛蓝色染料的槐蓝属植物——改为咖啡，进一步促进了咖啡产业的成长。用来种植槐蓝的土地由小部分精英团体控制，咖啡种植需要的是不同的土地，这些显赫的家族运用对政府的影响力通过法案，迫使穷人迁离他们的土地，以便将这些区域纳入新的咖啡种植园。在当时并没有所谓对原住民的赔偿措施，有时他们仅能获得季节性的工作机会。

到 20 世纪早期，萨尔瓦多已成为中美洲最进步的国家之一，境内拥有第一条平整的高速公路，也有资金投入海港、铁路与豪华公共设施的建造。咖啡的收入使基础设备得以更新，原住民社群能够融入全国整体经济体系，同时也成为显赫家族掌控政治与经济的机制。

20 世纪 30 年代，贵族因支持军事统治得以继续发挥影响力，这也成为萨尔瓦多政治上相当稳定的一段时期。之后几十年里，咖啡产业的发展顺势助长了棉花与轻型工业的发展。萨尔瓦多一向在咖啡质量与生产效率上有绝佳的口碑，与进口国也都保持良好的关系，直至 20 世纪 80 年代内战爆发。内战带来重大影响，咖啡产量降低，外国市场也开始寻找向其他出口国买进咖啡

危地马拉

Rio Lempa

Embalse Cerrón Grande

洪都拉斯

0 — miles — 20

0 — km — 20

Santa Ana

APANECA-ILAMATEPEC

Lago de Coatepeque

萨尔瓦多

CACAHUATIQUE

Sonsonate

圣萨尔瓦多

EL BALSAMO-QUEZALTEPEC

Lago de Ilopango

San Vicente

Acajutla

CHICHONTEPEC

Volcan Chichontepec

Zacatecoluca

TEPECA-CHINAMECA

San Miguel

Rio Lempa

Usulután

La Unión

**主要**

咖啡产区

太平洋

丰塞卡湾

的可能性。

## 原生品种

内战使咖啡产量与出口量大减，也对咖啡产业带来意想不到的影响。当时多数中美洲国家的咖啡生产者都将境内的原生品种改为新研发出来的高产量品种，这类新品种的杯测质量无法与原生品种相比，但产量比质量受到更多重视。萨尔瓦多却完全没有经历这一转变，境内依旧保有相当高比例的原生波旁种咖啡树，生产约总产量68%的咖啡。加上排水性佳且矿物质丰富的火山土壤，这个国家在生产口感绝佳而甜美的咖啡上拥有无穷潜力。

萨尔瓦多咖啡近年来的营销策略也都专注于此，同时开始致力于与咖啡生产国及消费国重新建立关系。

上图：萨尔瓦多意外地拥有高比例原生品种，加上肥沃的土地，其口感甜美的咖啡在外销市场上拥有无穷潜力。

---

### 帕卡斯品种（Pacas）

咖啡农唐·阿尔伯托·帕卡斯（Don Alberto Pacas）于1949年在他的咖啡园中发现了一个由波旁变种而来的咖啡品种，并以他的名字命名。之后它与一种尺寸相当大的马拉戈日皮品种杂交，创造出帕卡马拉品种。这两个品种依旧在区内及邻近国家生产。

---

大型庄园在萨尔瓦多一直存在，境内也有许多小型咖啡园。这是个值得细细探索的国家，当地有许多优异的咖啡，口感甜美而复杂。

靠近圣安娜（Santa Ana）的El Paste咖啡园里，一片成熟的咖啡果海洋，工人正将之铲起，以便进行采收后处理。Apaneca-llamatepec产区是萨尔瓦多最大的咖啡产区。

## 产销履历

　　萨尔瓦多境内有良好的基础设施，意味着要得到高质量咖啡的产销履历并不难，许多咖啡园也有办法依据处理方式和品种创造出微批次的咖啡。

## 咖啡口感

　　萨尔瓦多的波旁种咖啡以甜美与均衡的口感著称，带有令人愉悦的柔顺酸度，整体表现和谐。

# 产 区

人　口：6 377 000人

**2016 年产量（60 千克 / 袋）：**
623 000 袋

　　多数咖啡烘焙者并不使用产区名称来描述咖啡。虽然境内有许多分界明确的产区，但有些人认为萨尔瓦多全境面积不大，应该视其为单一产区，之后再分出明确的咖啡种植区块。

## Apaneca-Ilamatepec 山产区

　　此区火山活动频繁，但仍然产出众多在竞赛中获奖的咖啡。Santa Ana 火山最近一次爆发是在 2005 年，之后两年里对此区产生极大的影响。这是萨尔瓦多最大的产区，可能也是萨尔瓦多咖啡的发源地。

海　拔：500~2 300米

采收期：10月~次年3月

品　种：64%波旁、26%帕卡斯、
　　　　10% 其他品种

## Alotepec-Metapan 山产区

　　这个山区是萨尔瓦多最潮湿的区域，比其他产区的平均雨量多了三分之一。此区与危地马拉和洪都拉斯相邻，但这里的咖啡却有相当独特的风格。

海　拔：1 000~2 000米

采收期：10月~次年3月

品　种：30%波旁、50%帕卡斯、
　　　　15% 帕卡马拉、5% 其他品种

## El Balsamo-Quetzaltepec

　　此区部分咖啡园自 Quetzaltepec 火山俯视首都圣萨尔瓦多（San Salvador）。此区是前西班牙文化 Quetzalcotitán 文明所在地，他们信奉羽蛇神（Quetzalcoat），这位神祇的各种图腾如今仍是萨尔瓦多文化的重要组成部分。山脉名称来自此地盛产的秘鲁香胶，这是一种香气丰富的树脂，用来制作香水、化妆品和药物。

海　拔：500~1 950米

采收期：10月~次年3月

品　种：52%波旁、22%帕卡斯、
　　　　26% 混合与其他品种

左图：即便Apaneca-llamatepec产区火山活动频繁，可能影响咖啡生产，但因土壤优异，此区仍然产出众多获奖咖啡。

## 海拔分级

　　萨尔瓦多有时仍以咖啡生长海拔分级。这样的分级与质量或产销履历无关。

**Strictly High Grown（SHG）**：种植海拔超过1 200米
**High Grown（HG）**：种植海拔超过900米
**Central Standard**：种植海拔超过600米

### 钦琼特佩克火山
### （Chichontepec Volcano）

　　咖啡很晚才来到这个位于萨尔瓦多中部的区域，在19世纪80年代，当地的产量不过50袋。然而这个火山区的土壤十分肥沃，如今有许多咖啡园。种植一排咖啡树和一排用来遮蔽咖啡的橘子树的传统做法仍然普遍。有些人相信这也为此区的咖啡带来宛如橘子花般的气息，其他人则认为这种柑橘风味来自此地的波旁种咖啡。

海　拔：500~1 000米
采收期：10月~次年2月
品　种：71%波旁、8%帕卡斯、
　　　　21% 混合与其他品种

### Tepeca-Chinameca 山产区

　　这是境内第三大咖啡产区，在此地，咖啡是与以盐、糖或一点儿蔗糖制成的玉米饼（当地称为 tustacas）一起享用的。

海　拔：500~2 150米
采收期：10月~次年3月
品　种：70%波旁、22%帕卡斯、
　　　　8% 混合与其他品种

### Cacahuatique 山产区

　　格拉尔多·巴里奥斯（Gerardo Barrios）将军于1859年当选总统后，最早认识到咖啡的经济效益。据说他是第一个在境内种植咖啡的人，咖啡园就在他的住所附近，靠近 Villa de Cacahuatique，现今称为 Ciudad Barrios。这条山脉以多黏土著称，常用来制作锅、盘与装饰品。此地农民必须在黏土地中挖出大洞，并填入肥沃土壤，才能种植树苗。

海　拔：500~1 650米
采收期：10月~次年3月
品　种：65%波旁、20%帕卡斯、
　　　　15% 混合与其他品种

萨尔瓦多La Majada庄园处理后的粉末状咖啡壳会回收用作堆肥，其中的矿物与微量元素能滋养土壤。

# 危地马拉 Guatemala

许多人相信咖啡最初由耶稣会修士在 18 世纪 50 年代左右传入危地马拉，不过文献显示，1747 年便已有种植及饮用咖啡的记录。与萨尔瓦多相同，咖啡在 1856 年之后才成为危地马拉的重要作物。化学染料的发明使当时的主要经济作物槐蓝属植物需求量大减。

**先**前政府已有计划试图鼓励境内农作物的多样化，避免只种植槐蓝属植物。1845 年咖啡种植与推广委员会成立，设计出推广文案，以便教育咖啡生产者，并帮助制定价格及质量分级制度。1868 年，政府送出约 100 万颗咖啡种子，目的在于进一步推动此产业发展。

胡斯托·鲁菲诺·巴里奥斯（Justo Rufino Barrios）于 1871 年掌权，他推动了一连串改革，使咖啡成为经济支柱。不幸的是，这样的改革却使危地马拉原住民的土地被进一步剥削，他们被迫卖掉近 40 万公顷被视为是公共土地的区域，这些土地成为大型咖啡种植园，迫使原住民迁移到较为贫瘠的土地，也使他们不得不在种植园里打工。推动咖啡生产的努力当然有些成果，到 19 世纪 80 年代，咖啡已占危地马拉外销总量的 90%。

20 世纪 30 年代全球经济大萧条时期，咖啡再度与政治扯上关系。豪尔赫·乌维科（Jorge Ubico）掌权后，致力于降低咖啡价格，以刺激外销市场。他积极建立基础设施，也将更

多权力与土地让给美国大型企业联合果品公司（UFC），此公司之后变得势力庞大。乌维科后来因反对者在全国的罢工与抗议而被迫下台。之后有段时间，人们享受到了民主与言论自由，阿本兹（Arbenz）总统在1953年提出土地改革法案，征用土地（过去受UFC的控制），重新分发供农

对页图：危地马拉阿加杜尔赛的Finca Vista Hermosa咖啡种植园里，工人在清洗咖啡豆。

耕使用。

但大型咖啡种植园主及UFC（经美国国务院支持）反对这样的改革。1954年由美国中央情报局（CIA）发起的政变推翻了阿本兹政府，这一土地改革从未实施。这也使危地马拉在1960~1996年爆发内战。当时发生战争的原因包括贫穷、土地分配、饥荒、对原住民的歧视等，至今依旧存在。

危地马拉的咖啡产量在千禧年之际进入高峰；2001年咖啡危机发生后，生产者开始改种夏威夷豆与酪梨。咖啡叶锈病近来开始对许多咖啡树造成损害。

## 咖啡口感

危地马拉的咖啡呈现出不同的气息，有淡雅、极为甜美、多果香的，也有复杂到口感浓郁、丰富、带有巧克力气息的咖啡。

## 产销履历

危地马拉的咖啡应能追溯到咖啡园、共同合作社或生产者团体。境内不少咖啡都拥有受到保护的产区名称，产销履历与生产高质量咖啡的庄园都有悠久的历史，因为多数农民有自己的湿处理设备，得以自行处理咖啡。

# 产 区

人　口：16 176 000人

**2016年产量（60千克／袋）：**

3 500 000 袋

危地马拉在规范产区界线及营销产区差异性上比其他国家更为成功。据笔者的经验，某些产区具有特定的气息与特色，不过这并非铁律。

## 圣马科斯（San Marcos）

San Marcos是危地马拉气候最温暖、降雨量也最多的咖啡产区。面向太平洋的山坡最早得到雨水，因此开花期较早。降雨对采收后的干燥过程带来挑战，有些咖啡园必须仰赖日晒与机械干燥。农业在此区扮演了重要角色，农作物有谷类、水果、肉类与羊毛。

海　拔：1 300~1 800米

采收期：12月~次年3月

品　种：波旁、卡杜拉、卡图艾

## 阿卡特南戈（Acatenango）

此区咖啡集中生长在阿卡特南戈河谷，名称源自此地的火山。过去，咖啡生产者会将咖啡卖给"郊狼"（译者注：咖啡买家被称为郊狼coyote，他们开着卡车到处以现金购买咖啡果实），他们会将咖啡果实运到安提瓜（Antigua）进行处理。安提瓜的咖啡声望较高，因此也能获取较高的价格。不过这样的做法现在较为少见，因为Acatenango的咖啡也很优异，被广泛认同，如今反而因为具有产销履历而能获得较高利润。

海　拔：1 300~2 000米

采收期：12月~次年3月

品　种：波旁、卡杜拉、卡图艾

## 阿蒂特兰湖（Atitlán）

此区的咖啡园位于阿蒂特兰湖周遭。位于海拔1 500米的湖区风景优美，历年来深深掳获作家与游客的心。每天接近中午与午后都会刮起强风，当地称之为"xocomil"，意为"吹除孽的风"。区内有不少私人自然保护区，目的是保护此区生态环境的多样化，并防止滥伐森林。咖啡生产受到不少威胁，原因是劳力成本上涨以及劳动力的竞争。都市扩张也对土地造成压力，不少农民认为将土地售出比继续种植咖啡更有利可图。

海　拔：1 500~1 700米

采收期：12月~次年3月

品　种：波旁、帝比卡、卡杜拉、卡图艾

## 科万（Cobán）

此区名称来自科万城。此城因势力庞大的德国咖啡生产者而兴盛，直到第二次世界大战末影响才消退。茂密的雨林意味着潮湿的天气，对咖啡的干燥过程带来挑战。此区地处偏远，因此运输困难，成本高。不过区内有不少质量优异的咖啡。

海　拔：1 300~1 500米

采收期：12月~次年3月

品　种：波旁、马拉戈日皮、卡图艾、卡杜拉、Pache

## Nuevo Oriente

此区名称意为"新东方"，位于危地马拉东部，邻近洪都拉斯。此地气候干燥，多数咖啡皆由小农户生产。咖啡产业直到20世纪50年代才来到此区，发展相对较晚。

海　拔：1 300~1 700米

采收期：12月~次年3月

品　种：波旁、卡图艾、卡杜拉、Pache

## 韦韦特南戈（Huehuetenango）

这是危地马拉较为出名的产区，区名的发音也最耐人寻味。名称源自纳瓦特尔语（Nahuatl），意思是"古人（或先祖）之地"。区内有中美洲最高的非火山山脉，相当适合咖啡种植。此区相当仰赖咖啡出口，也出产不少令人惊艳的咖啡。

海　拔：1 500~2 000米

采收期：1月~4月

品　种：波旁、卡图艾、卡杜拉

## Fraijanes

这处生产咖啡的高原围绕在首都危地马拉市，是火山运动频繁的区域，土壤十分肥沃，但偶尔也对人身安全与基础建设造成影响。可惜的是，咖啡种植面积因都市开发后变更土地使用权而渐渐缩减。

海　拔：1 400~1 800米

采收期：12月~次年2月

品　种：波旁、卡杜拉、卡图艾、Pache

## 安提瓜（Antigua）

安提瓜是危地马拉最出名的产区，也是全球几个知名度最高的咖啡产地之一。区域名称源自安提瓜市，以西班牙建筑闻名，被联合国教科文组织列为世界遗产。市场上滥用安提瓜这个名称使此区咖啡贬值，因此它在2000年成为法定产区（Denomination of Origin），全名为"Genuine Antigua Coffee"。虽然这阻止了其他产区将咖啡以Antigua的名义出售，却无法防止商人买进其他产区的果实后在此地处理的欺诈行为。尽管如此，此区的咖啡容易取得明确的产销履历，虽然部分价格被过度哄抬，但区内的确出产质量优异的咖啡，绝对值得一试。

海　拔：1 500~1 700米

采收期：1月~3月

品　种：波旁、卡杜拉、卡图艾

上图：危地马拉的许多农民拥有自己的湿处理与咖啡生产设备，这对咖啡豆的可追溯性极有助益。

虽然土地用途变更与气温的变化对危地马拉咖啡的生产与制造方式造成了影响，境内多数咖啡依旧以传统方式处理，多半以日晒法干燥。

# 海 地 Haiti

海地的咖啡可能在 1725 年从当时还是法国殖民地的马提尼克岛（Martinique）传入。一开始，咖啡被种植在岛的东北部一个名叫红色风土（Terroir Rouge）的地方，十年之后，岛屿北部的山区出现了另一个咖啡产区。咖啡的产量自此迅速增加，1750~1788 年，有许多证据证明当时海地的咖啡产量占世界总产量的 50%~60%。

海地的咖啡产业在 1788 年达到顶峰，随之而来的革命让海地在 1804 年独立，一连串动乱事件让咖啡产量出现断崖式下降。解放奴隶运动不只影响了咖啡的生产，更让海地被排除在国际咖啡贸易之外。随后，咖啡产业缓慢复苏，在 1850 年，产量达到了新的顶峰。20 世纪 40 年代，咖啡生产出现另一次爆炸性增长，1949 年，海地的咖啡产量占世界总产量的三分之一。

就像海地的其他经济产业，1957~1986 年掌权的杜瓦利埃政权（Duvalier regimes）也在很大程度上影响了咖啡的收成，自然灾害又进一步阻碍了咖啡产业的复苏。崩溃的国际咖啡协议使海地农民在 1990 年将咖啡树烧成木炭后销售。

20 世纪 90 年代中期，本土咖啡联盟（Fédération des Associations Caféières Natives，简称 FACN）成立，他们摒弃过去常用的日晒处理方式，开始使用水洗法处理，本土咖啡联盟会购买带壳的咖啡生豆，将之脱壳、分级，然后拼配。

他们创造了一个品牌，叫作海地蓝(Haitian Bleu)，蓝色指水洗处理带来的颜色。他们严格控制销售渠道，在一段时间的经营之后，他们可以支付给种植者更多的费用。当今精品咖啡界的产销履历虽不适用于海地，但海地的做法为海地咖啡及其背后的故事增加了许多价值。

## 产 区

**人 口**：10 847 000人
**2016 年产量（60 千克／袋）**：
350 000 袋
　　因涉及许多不同的产区，加上数量上的衰减，目前很难就海地咖啡的产量做出正确的预估。
**海 拔**：300~2 000米
**采收期**：8月~次年3月
**品 种**：帝比卡、卡杜拉、波旁

然而，组织内的不当管理导致产量锐减，致使与烘焙商签订的合同难以履行，最终导致本土咖啡联盟的破产。

2010年的地震不仅摧毁了整个岛屿，更严重破坏了原本在下滑的咖啡产业。2000年，海地的咖啡产业还有700万美元的产值，到2010年，产值仅剩100万美元。咖啡和杧果都被寄予厚望，成为海地经济复兴重要的农产品，也因为海地曾出口高品质的咖啡，许多非政府组织向咖啡产业投入相当多的努力及经费，但海地咖啡产业整体的复苏速度仍然相当缓慢。

## 产销履历

绝大多数高品质的咖啡都来自合作社，没有以单一庄园销售的形式。几乎所有咖啡都在当地被消费完毕，只有非常少量的咖啡会出口。

### 咖啡口感

相对来说醇厚度很好，会有泥土味，有时会有香料味和些微的果酸，算是相当典型的海岛咖啡豆的特点，好的批次会有柔软的甜感。

上图：一位妇人在西部地区一个叫作Riviere Froide的地方冲泡咖啡。

对页图：在太子港街头，一袋一袋的咖啡豆等待被收购。20世纪40年代，海地的咖啡产量占世界总产量的三分之一。

# 美国：夏威夷 United States: Hawaii

夏威夷是唯一一个位于发达国家境内的咖啡产区。这给咖啡的经济与营销带来变化。此地的生产者得以十分成功地与消费者直接沟通，时常将岛上的观光行程与咖啡结合在一起。不过，许多咖啡专业人士认为，此地咖啡的质量恐怕无法与价格相称。

咖啡在1817年来到夏威夷，不过最初的种植并不成功。1825年瓦胡岛（Oahu）总督 Chief Boki 自欧洲启航，途经巴西时带回了一些咖啡树苗。这些树苗后来苗壮生长，遍布全岛。波旁种咖啡大约在1828年被带入大岛，在考爱岛（Kauai）上的大规模种植则始于1836年。不过，考爱岛 Hanalei Valley 的咖啡种植却在1858年因蚜虫或蠹虫造成的咖啡枯萎病（coffee blight）而全军覆没。存活下来的仅有大岛的 Kona 产区。

19世纪晚期，咖啡产业先后吸引了来自中国与日本的移民，他们来到岛上，在种植园内工作。20世纪20年代，菲律宾人在采收期间会到咖啡园工作，春天则在甘蔗园做工。

直到20世纪80年代，制糖产业出现了利润不足的状况，咖啡才开始成为重要的经济作物。这也引发了整个夏威夷的咖啡热潮。

## KONA

这是夏威夷境内最出名的产区，在全球赫赫有名：Kona 产区，位于大岛。因悠久的咖啡种植历史，此区声望一直很高。不过成功也导致名称被滥用的情况出

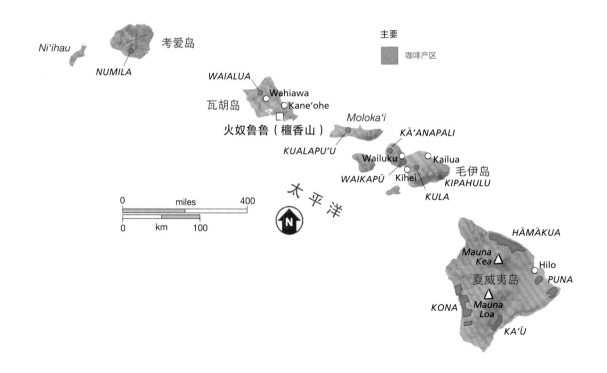

现，如今岛上的法规规定所有 Kona 咖啡都必须标示来自 Kona 的实际混调量，"100% Kona" 的商标被严加管控。加利福尼亚州的 Kona Kai 公司曾想尽办法保护其商标与名称，但 1996 年，该公司的 "Kona Coffee" 却被发现豆子来自哥斯达黎加，公司管理层因此被判决有罪。近几年来，此区开始受到咖啡果小蠹的袭击。岛上制定了一系列措施对抗此病虫害，虽然可以见到

上图：都乐食品公司（Dole Food Company）位于 Waialua 的咖啡与可可园，咖啡豆被均匀摊开，以便日晒干燥。Waialua 是瓦胡岛上最大的庄园，种植帝比卡咖啡。

一些成效，但许多人担心这会使 Kona 咖啡的价格变得越来越难以亲近。

## 产销履历

毫无疑问，发达国家的产品在产销履历制度上十分健全。咖啡多半可追溯至单一咖啡园。一般来说，咖啡农会自行烘焙咖啡，直接卖给消费者或观光客。其余多半销往美国本土。

## KONA 分级

Kona 咖啡多半依据豆子的尺寸分级，但同时也分为 Type 1 与 Type 2。Type 1 属于标准咖啡豆，每个咖啡果里有两颗豆子；Type 2 则专指小圆豆。

Type 1：包括尺寸最大的 Kona Extra Fancy，之后是依大到小的分级：Kona Fancy、Kona Number 1、Kona Select 与 Kona Prime。

Type 2：包含两种等级 小圆豆 Kona Number 1 Peaberry 以及较小的 Kona Peaberry Prime。

多数分级都有针对咖啡缺陷的限制，不过规定多半相当宽松，无法作为衡量质量的指标。

## 咖啡口感

通常酸度低，醇厚度中上，易饮，但缺乏复杂度与果香。

# 产　区

人　口：1 404 000人

**2016 年产量（60 千克／袋）**：40 909 袋

夏威夷咖啡的知名度主要来自 Kona。但如果你喜爱酸度相对低、醇厚度中上而果香略少的典型岛屿咖啡，其他岛屿的咖啡也值得探索。

## 考爱岛（Kauai Island）

这个发展中的产区的咖啡生产由一家拥有 1 250 公顷咖啡园的公司主导。Kauai Coffee Company 在 20 世纪 80 年代晚期为了从甘蔗种植转向多样化发展而开始种植咖啡树。因为面积庞大，多依赖机械耕种。

海　拔：30~180米

采收期：10月~12月

品　种：黄卡图艾、红卡图艾、帝比卡、蓝山、蒙多诺沃

## 瓦胡岛（Oahu Island）

这是另一个由 Waialua Estate 主导的岛屿，咖啡园面积约60公顷。此咖啡园在 20 世纪 90 年代早期开始生产咖啡，完全以机械耕作，园内也种植可可。

海　拔：180~210米

采收期：9月~次年2月

品　种：帝比卡

## 毛伊岛（Maui Island）

毛伊岛有一座大型咖啡园 Ka'anapali。此园相当不寻常地有许多小型地块，其上有房舍和咖啡园出售。虽然土地由不同人拥有，但咖啡是集中生产的。这个大型庄园在 1860~1988 年间是甘蔗种植园，之后转型为咖啡园。

海　拔：100~550米

采收期：9月~次年1月

品　种：红卡图艾、黄卡杜拉、帝比卡、摩卡

## 毛伊岛 Kula 产区

这个小产区得益于 Haleakala 火山，有适于种植咖啡的海拔高度。咖啡在近期才来到此区。

海　拔：450~1 050米

采收期：9月~次年1月

品　种：帝比卡、红卡图艾

## 毛伊岛 Walkapu 产区

这是夏威夷最新的咖啡产区，区内仅有单一咖啡园，由位于邻岛 Molokai 的公司 Coffees of Hawaii 所有。

海　拔：500~750米

采收期：9月~次年1月

品　种：帝比卡、卡图艾

## 毛伊岛 Kipahulu 产区

这是位于毛伊岛东南部海拔极低的产区。咖啡和其他农产品多半是有机种植。

海　拔：90~180米

采收期：9月~次年1月

品　种：帝比卡、卡图艾

## 摩洛凯岛 Kaulapuu 产区（Kaulapuu, Molokai Island）

此区也是由单一咖啡公司 Coffees of Hawaii 经营。这座大型咖啡园以机械耕作，在这个人力成本昂贵的区域不得不如此操作来降低成本。

海　拔：250米

采收期：9月~次年1月

品　种：红卡图艾

## 大岛 Kona 产区（Kona, Big Island）

不同于夏威夷的其他产区，此区的咖啡种植较为多样化，当地有超过630座咖啡园生产咖啡，面积多半少于2公顷，通常由不同家庭经营。此地单一产区的产量相较于其他国家可能是最高的，区内咖啡园比夏威夷其他产区的面积都要小，因此人工采收相当常见。

海　拔：150~900米

采收期：8月~次年1月

品　种：帝比卡

## 大岛 Kau 产区

咖啡在此区是近期出现的农作物，在1996年甘蔗处理厂关闭后才开始种植。2010年以前，此区的农民与共同合作社必须将果实运送到邻近的区域如 Puna 或 Kona 才能进行处理。现在此区已有一家处理厂，问题因此得到解决。

海　拔：500~650米

采收期：8月~次年1月

品　种：帝比卡

## 大岛 Puna 产区

此区在 19 世纪末有约 2 400 公顷的咖啡园，之后因制糖产业的兴起而衰落。不过，制糖厂在 1984 年关闭，有些农民开始重新种植咖啡。此区多数咖啡园面积都相当小，平均约1.2公顷。

海　拔：300~750米

采收期：8月~次年1月

品　种：红卡图艾、帝比卡

## 大岛 Hamakua 产区

咖啡于1852年开始在此区种植，原本有八座种植园。和夏威夷的其他产区一样，咖啡产业因制糖业的兴盛而开始衰退。但自 20 世纪 90 年代中期以来，有些农民开始重新种植咖啡。

海　拔：100~600米

采收期：8月~次年1月

对页图：考爱岛的 Kalalau 河谷。这是夏威夷咖啡种植园的典型景观。

# 洪都拉斯 Honduras

洪都拉斯如今是中美洲最大的咖啡生产国，但人们对咖啡如何来到此地却知之甚少。1804 年最早的文献记载中曾讨论过此区咖啡的质量，由于咖啡树必须经过几年的生长才会产出果实，由此可判定咖啡最晚在 1799 年以前来到洪都拉斯。

洪都拉斯的咖啡产量直到 2001 年才出现大幅增长。虽然咖啡产业在 19 世纪对中美洲多数国家的发展与基础设施的建设都有极大帮助，但洪都拉斯的咖啡产业起步极晚，整体发展不及其他国家。这对提升咖啡质量造成挑战，亦表示近期的产业拓展所生产的咖啡都直接进入商业咖啡市场；直到最近，市面上才开始出现来自洪都拉斯的优异咖啡。

对页图：洪都拉斯的土质相当适合种植咖啡，但该国的高降雨量让咖啡豆的干燥变得困难。

洪都拉斯咖啡协会（Instituto Hondureno del Café，简称 IHCAFE）是 20 世纪 70 年代由政府创立的官方咖啡机构，致力于提升咖啡质量。该机构界定的 6 个产区里各有一间咖啡品尝实验室，以协助当地的生产者。

洪都拉斯 2011 年的咖啡产量达到近 600 万袋，数量超过哥斯达黎加与危地马拉的总和。境内约有 11 万个家庭从事咖啡生产。咖啡叶锈病（详见第 16 页）的存在使产业忧心于未来的发展；2012 年和 2013 年的采收因叶锈病而严重减少，全国宣布进入紧急状态。叶锈病带来的效应通常会持续几年。

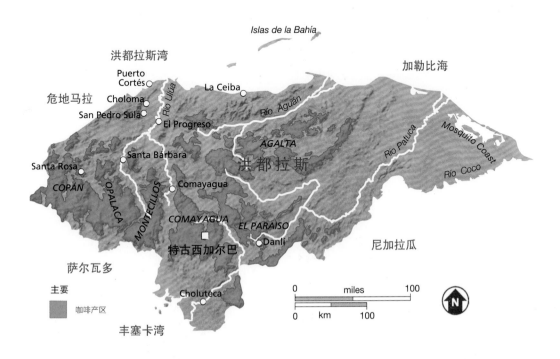

## 咖啡分级

　　洪都拉斯使用的分级系统与萨尔瓦多及危地马拉类似，都以种植海拔高度描述咖啡并加以分类。超过1 200米为Strictly High Grown（SHG），1 000米以上为High Grown（HG）。即便海拔与质量之间确实有关，但如此标示的咖啡通常较不具可追溯性。另一方面，具产销履历的咖啡也常见如此标示。

### 咖啡口感

　　洪都拉斯咖啡有相当多样化的气息，最好的咖啡会带着复杂的果香，以及极具活力、宛如果汁般的酸度。

### 气候所引发的问题

　　虽然境内土地极为适合种植咖啡，但极高的降雨量使干燥处理变得困难。有些生产者因此同时采用日晒与机械干燥法。这导致人们认为洪都拉斯能够出产优异的咖啡，但很快就会失去风味。如今业界在改善这个问题上下了很大的功夫。许多咖啡在出口前会在科尔特斯附近储存一段时间。当地气候无比炎热，这又进一步降低了咖啡品质。当然也有不少例外，洪都拉斯质量最优异的咖啡多半都经得起时间的考验。

### 产销履历

　　洪都拉斯咖啡多半具有相当程度的产销履历，可能是来自庄园、明确的共同合作社和生产者团体。

人　口：8 250 000人

**2013年产量（60千克／袋）：**

5 934 000袋

洪都拉斯的圣巴巴拉省虽然并非IHCAFE界定的咖啡产区，但许多烘焙业者都会在包装上标示此区名。不少产区跨越圣巴巴拉省，因此有些人认为此区应有独立的区域名称。不过建议最好使用以下官方界定的产区来标示咖啡。圣巴巴拉省有些优异的帕卡斯品种，其中最好的会带有鲜明而浓郁的果香，绝对值得追寻。

左图:洪都拉斯境内种有波旁、帝比卡、卡杜拉、卡图艾等品种，不过近年来咖啡叶锈病对此区造成了严重的损害。

### 科潘（Copán）

科潘省位于洪都拉斯西部，名称来自科潘市，以玛雅遗址闻名。此区与危地马拉相邻，再次凸显了了解咖啡真正来源的重要性。行政区界的划定有时相当专断，消费者对洪都拉斯或危地马拉咖啡的期望值可能有天壤之别。圣巴巴拉省北部位于科潘境内。

海　拔：1 000~1 500米

采收期：11月~次年3月

品　种：波旁、卡杜拉、卡图艾

### 蒙德西右斯（Montecillos）

此区有不少值得注意的子产区。其中最重要的是如今已成为受保护名称的马尔卡拉以及拉巴斯，马尔卡拉是拉巴斯省的直辖市。咖啡烘焙业者通常会使用范围界定较为明确的名称，而非更大的Montecillos。

海　拔：1 200~1 600米

采收期：12月~次年4月

品　种：波旁、卡杜拉、卡图艾、帕卡斯

### 阿卡塔（Agalta）

此区涵盖了洪都拉斯北部，其中多数为森林保护区，生态观光在区内的经济发展中占有极为重要的地位。

海　拔：1 000~1 400米

采收期：12月~次年3月

品　种：波旁、卡杜拉、帝比卡

### 欧巴拉卡（Opalaca）

此区涵盖Santa Barbara省南部的咖啡产区以及Intibucá与Lempira。产区名称来自跨越此区的Opalaca山脉。

海　拔：1 100~1 500米

采收期：11月~次年2月

品　种：波旁、卡图艾、帝比卡

### 科马亚瓜（Comayagua）

此区位于洪都拉斯的中西部，热带雨林繁茂。区内的科马亚瓜市过去是洪都拉斯的首都。

海　拔：1 100~1 500米

采收期：12月~次年3月

品　种：波旁、卡杜拉、帝比卡

### 埃尔帕拉伊索（El Paraíso）

这是洪都拉斯最古老、最大的产区，位于境内东部，与尼加拉瓜相邻。此区近年来一直遭受严重的咖啡叶锈病侵害。

海　拔：1 000~1 400米

采收期：12月~次年3月

品　种：卡图艾、卡杜拉

# 牙买加 Jamaica

1728 年，总督尼古拉斯·劳斯（Nicholas Lawes）爵士收到来自马提尼克（Martinique）总督的礼物——一株咖啡树苗，咖啡在岛上的历史自此展开。之前劳斯爵士已试种过多种农作物，随后也在圣安德鲁区种下咖啡树。最初咖啡产量相当有限，到了 1752 年，牙买加已外销 27 吨的咖啡。

**18** 世纪后期，咖啡产量开始突飞猛进，咖啡种植产区也由 St. Andrew 扩散到蓝山（Blue Mountains）。1800 年，境内有 686 座咖啡种植园，1814 年，咖啡年产量达 15 000 吨（虽然有些统计数据更高）。

在此之后，热潮开始消退，咖啡产业成长趋缓；主因之一是人力的缺乏。奴隶制度在 1807 年被废除，但奴隶解放到 1838 年才真正落实。虽然有人想招募之前身为奴隶的人当领薪劳工，但咖啡产业依旧无法与其他产业竞争。加上土壤管理不当，又失去了英国对殖民地的贸易优惠条件，咖啡产业极速衰退。到 19 世纪 50 年代，境内仅剩 180 座种植园，产量缩减至 1 500 吨。

19 世纪末，牙买加生产了大约 4 500 吨咖啡，但是质量不佳的问题开始出现。1891 年，政府通过了一项法令，希望教授生产者关于咖啡生产的知识，借此提升质量，境内的基础设备也得到改善，使咖啡能够进行中央化处理与分级。这个专案的成效极为有限，即便中央咖啡结算所（Central Coffee Clearing House）在 1944 年成立，所有咖啡在外销前都必须经过此机构的核定。此外，政府在 1950 年也成立了牙买加咖啡委员会。

自此之后，来自蓝山区域的咖啡声望与日俱增，之后更被视为全球最优异的咖啡之一。不过当时少有处理过程严谨的咖啡，如今牙买加咖啡更无法与来自中南美洲或东非的最优质的咖啡竞争。牙买加的咖啡口感多半纯净、甜美且温和，但缺乏一般人对精品咖啡等级期待的那种复杂度与独特性。不过，此地的咖啡比其他生产国更早开始稳定生产，加上营销信息明确，咖啡口感纯净而甜美，因此牙买加的咖啡相对拥有更多优势。

下图: 自20世纪起，牙买加咖啡便以纯净、甜美与温和的气息而著称。

## 咖啡口感

纯净、甜美，但复杂度不高，也少见多汁果香。

人　口：2 950 000人

**2013 年产量（60 千克／袋）：**27 000 袋

　　区内仅有一个真正值得注意的产区，也是全球最知名的产区之一。

### 蓝山（Blue Mountain）

　　咖啡史上最成功的营销案例要属这个牙买加产区。蓝山产区有明确的范围界定并受到保护。唯有位于圣安德鲁区、圣托马斯区、波特兰区与圣玛丽区的地区之内，且种植海拔在 900~1 500 米间的咖啡才有资格使用 "Jamaica Blue Mountain" 这个名称。在海拔450~900米种植的咖啡被称为 "Jamaica High Mountain"，在此高度以下则为 "Jamaica Supreme" 或 " Jamaica Low Mountain"。蓝山咖啡的产销履历会令人感到困惑，因为它们多数都以处理厂的名称卖出。这类处理厂有时可能会将大型庄园的咖啡豆分开处理，多半会从区内众多小农户那里买入咖啡豆。

　　长久以来，大多数牙买加蓝山咖啡都销往日本。豆子装在小型木桶而非麻袋中。由于能够卖到高价，市场上通常也有为数不少的假蓝山豆。

海　拔：900~1 500米

采收期：6月~7月

品　种：Jamaica Blue Mountain（一种
　　　　帝比卡衍生品种）、帝比卡

左图: 蓝山咖啡的出处依据种植海拔的不同有严格的限制。此外以木桶盛装的咖啡豆也强化了品牌特性。

# 墨西哥 Mexico

咖啡最初在 1785 年前后来到墨西哥。根据文献记载，1790 年在韦拉克鲁斯区域便有种植园存在。不过因为墨西哥拥有丰富的矿藏，多年来咖啡产业较缺少同样的发展动力。

墨西哥首次大规模的土地登记因与邻国危地马拉的边界争议而开始，这让富有的欧洲人得以安心买下大片土地，并愿意投资咖啡种植所需的基础设施。这也迫使原住民迁居到山上，并不时下山在种植园中工作。

墨西哥革命在 1920 年结束，此后小农才开始从事咖啡种植。1914 年，土地被重新分配给原住民与劳工，许多先前被迫在咖啡种植园里工作的人终于回到各自的社群，同时带回咖啡种植的技能。土地的重新分配也打破了大型庄园的存在状况，同时宣告墨西哥咖啡小农时代的开始。

1973 年墨西哥咖啡协会（Instituto Mexicano del Café，简称 INMECAFE）成立，目的是提供技术协助与财务支持，并依据国际咖啡协议的规定达到应有的产量。由于政府的投资，咖啡产业在产量与种植面积上大幅扩张。在某些农村地区，咖啡生产成长了 900%。

然而，20 世纪 80 年代起，墨西哥政府的咖啡政策

下图：20世纪80年代后期，许多咖啡生产者成功地开始推行集体生产并经营咖啡种植园。公平交易与有机外销也变得十分普遍。

出现大转弯，政府庞大的借款金额加上石油价格大跌，导致拖欠贷款。

政府对咖啡产业的支持开始逐渐减少，1989年INMECAFE宣告解散，政府出售国营咖啡处理厂。这对咖啡产业的影响甚大。由于信贷枯竭，许多农民找不到地方销售咖啡，促使投机收购商"郊狼"的出现。他们从农民那里便宜买进咖啡，转手销售以获利。

INMECAFE的解散，加上1989年国际咖啡协议的终结，导致咖啡质量一落千丈。由于收入减少，众多咖啡农停止使用肥料，也不再投注资金到病虫害的防治上，除草与土地管理也不如以往仔细，有些咖啡农甚至完全停止采收咖啡。

相反地，某些生产者（尤其位于Oaxaca、Chiapas与Veracruz等州的）则自发地开始推行集体生产，维持过去INMECAFE所扮演的角色，包括共同购买与经营咖啡的处理厂、技术协助、政治游说以及与买家发展更为紧密的关系。

墨西哥的咖啡生产者也是咖啡认证的拥护者，公平交易与有机认证在此相当普遍。墨西哥咖啡的绝大部分销往美国，因此在其他地方要找到优异的墨西哥咖啡并不容易。

## 产销履历

多数墨西哥咖啡由小农户生产。产销履历多半可追溯至生产者集团、共同合作社，有时也可能是单一咖啡园。

### 咖啡口感

墨西哥各产区生产的咖啡口感各异，从醇厚度清淡、细致，到口感甜美并带有焦糖、太妃糖或巧克力味的咖啡都有。

# 产 区

人　口：119 531 000人

**2013年产量（60千克/袋）：**

3 100 000袋

　　除以下重要产区，咖啡也种植在这些区域之外。倘若咖啡来自你所信赖的烘焙者或零售商，则绝对值得一试。不过相较于其他的主要产区，这类咖啡的产量相对较小。

## 恰帕斯（Chiapas）

　　此区与危地马拉相邻，因此许多人会将此区的咖啡与危地马拉的相比较。马德雷山脉提供了生产优质咖啡所需的海拔与火山土壤。

海　拔：1 000~1 750米

采收期：11月~次年3月

品　种：波旁、帝比卡、卡杜拉、
　　　　马拉戈日皮

## 瓦哈卡（Oaxaca）

　　此区农民拥有的土地面积平均少于2公顷。区内拥有不少共同合作社，也有少数大型庄园，其中有些开始发展观光业。

海　拔：900~1 700米

采收期：12月~次年3月

品　种：波旁、帝比卡、卡杜拉、
　　　　马拉戈日皮

## 韦拉克鲁斯（Veracruz）

　　位于墨西哥东部、墨西哥湾沿岸，面积相当大。区内咖啡产量小，但有高海拔产区（如科阿特佩克），生产质量较优异的咖啡。

海　拔：800~1 700米

采收期：12月~次年3月

品　种：波旁、帝比卡、卡杜拉、
　　　　马拉戈日皮

**右图：** 一名咖啡农正将咖啡豆散布于阳台，以便进行日晒。此处位于墨西哥靠近塔帕丘拉的小型合作社。

# 尼加拉瓜 Nicaragua

咖啡由天主教传教士在 1790 年带入尼加拉瓜，最初的种植动机其实仅是出于好奇。1840 年前后，全球对咖啡的需求有所增长，咖啡种植才开始得到重视。境内第一个商业化的种植产区在 Managua 周边。

在通常被称为尼加拉瓜 "咖啡热潮"（Coffee Boom）期的 1840~1940 年间，咖啡产业对经济造成了极大影响。随着咖啡的重要性与价值的提高，产业也需要更多资源与人力的投注。1870 年，咖啡成为尼加拉瓜的主要外销作物，政府也致力于让外国公司能够轻易投资这一产业并获取土地。过去国有的土地被卖给私人，政府也借由在 1879 年与 1889 年通过的补助法案鼓励大型庄园的建立，在咖啡种植超过 5 000 棵的种植园里，每增加一棵树，政府便补助 0.05 美元。

19 世纪末，尼加拉瓜变成了政治上所谓的 "香蕉共和国"，来自咖啡的收益多数都流往国外或进入当地地主的口袋。

境内第一个咖啡共同合作社在 20 世纪早期成立，这是 1936~1979 年间索摩查（Somoza）家族独裁统治下的政策。后来索摩查家族被桑地诺民族解放阵线（Sandinista National Liberation Front）推翻，1979 年后，咖啡产业进入一段艰困的时期。由美国支持的反叛军（Contras）成立以推翻新政府为目的，其政治宣言的一部分直接针对咖啡产业，他们攻击运送咖啡工人的车辆，同时破坏咖啡处理厂。

尽管如此，至 1992 年，咖啡依旧是尼加拉瓜最重要的外销经济作物。然而，1999~2003 年间咖啡价格大跌，再次严重打击了咖啡产业。境内六大银行中有三家因与咖啡产业的紧密关系而被拖垮。低价加上 1998 年的毁灭性飓风 "米契" 以及千禧年间发生的干旱，再次重创了咖啡产业。

幸好如今尼加拉瓜的咖啡产业正在复苏，咖啡农也开始专注于提升质量。过去，尼加拉瓜咖啡的产销履历不易取得，多半以处理厂或特定产区名称出售。这类产销履历制度执行得相当彻底。

### 产销履历

咖啡多半可追溯到单一庄园或由生产者组成的共同合作社。

### 咖啡口感

尼加拉瓜咖啡的口感相当多样，多半十分复杂并带有令人愉悦的果香与纯净的酸度。

人　口：6 071 000人

**2013年产量（60千克／袋）：**

1 500 000袋

　　尼加拉瓜境内有几个小型产区，包括马德里斯、马那瓜、博阿科与卡拉索，这些产区虽未在下方列出，却有优异咖啡的产出。

### 希诺特加（Jinotega）

　　此区与其首府名称都源自Nahuatl语 "xinotencatl"，真正的意思却众说纷纭。有人说是 "老人之城"，也有人认为是 "Jinocuabo之邻"，后者可能比较正确。此区经济长期以来都仰赖咖啡，也仍旧是尼加拉瓜的主要产区。

海　拔：1 100~1 700米

采收期：12月~次年3月

品　种：卡杜拉、波旁

### 马塔加尔帕（Matagalpa）

　　这是另一个以首府城市命名的区域，境内有家以咖啡为主题的博物馆。咖啡来自庄园与共同合作社。

海　拔：1 000~1 400米

采收期：12月~次年2月

品　种：卡杜拉、波旁

### 新塞哥维亚（Nueva Segovia）

　　此区位于尼加拉瓜的北部边界，近年来开始树立起境内最佳咖啡的名声，也在尼加拉瓜的卓越杯比赛中获得极大成功。

海　拔：1 100~1 650米

采收期：12月~次年3月

品　种：卡杜拉、波旁

左图和对页图：咖啡是尼加拉瓜最重要的外销经济作物，咖啡产业在经历了政治动荡与天灾后仍然兴盛不衰。

# 巴拿马 Panama

咖啡树苗应该在 19 世纪初随首批欧洲殖民者来到了巴拿马。在过去的很长一段时间里，巴拿马咖啡的声望不佳，产量也仅有邻国哥斯达黎加的十分之一。不过如今精品咖啡产业开始对此区高质量咖啡产生了浓厚兴趣。

巴拿马的地理环境意味着境内的咖啡产区有不少独特的微型气候，也有不少极具能力并致力于咖啡种植的生产者。这也表示当地拥有许多质量绝佳的咖啡，当然相对也要价不菲。

咖啡的高价格也有另一个重要原因：房地产。许多北美洲人都希望在这个政治稳定、风景优美且相对便宜的国家买房，因此需求极高，许多过去是咖啡园的土地如今已成为外侨的居所。巴拿马对劳工保障的法案也有较高的标准，咖啡采收工人的薪资较高，这样的费用也间接转嫁到了消费者身上。

## 翡翠庄园

论及咖啡价格，有一座咖啡园绝对不能不提。世上应该没有其他单一庄园能像翡翠庄园（Hacienda La Esmeralda）那样对中美洲的咖啡产业有如此重大的影响力。此庄园由彼得森（Peterson）家族所有。

过去在国际商业咖啡价格依旧偏低时，巴拿马精品

**对页图：**独特的瑰夏品种一般都会与巴拿马联系起来。它的花香、柑橘气息，加上当地农民致力于保持此品种的高质量，令其需求不断提高。

哥斯达黎加

加勒比海

Colón

*RENACIMIENTO*

*Volcán Barú*
*BOQUETE*

Piedra Candela

*Panama Canal*

巴拿马城

*Isthmus of Panama*

*Darién Mtns*

*VOLCAN-CANDELA*

David

Chichica

巴拿马

Penonomé

奇里基湾

Santiago

巴拿马湾

*Azuero Peninsula*

主要

咖啡产区

哥伦比亚

太平洋

咖啡协会举办了一个名为"最佳巴拿马咖啡"（Best of Panama）的竞赛：来自巴拿马境内不同咖啡园的最优异的咖啡豆依据评比排名，接着上网接受竞标。

翡翠庄园早在多年前便种植了一个名为瑰夏（详见第24页）的独特品种，加入竞赛后，他们的咖啡开始接触到广大的客群。2004~2007年他们连续四年都赢得了奖项；接着在2009年、2010年以及2013年的单一品项上赢得竞赛。此庄园的咖啡从一开始便打破了纪录：2004年每磅（约0.45千克）21美元，2010年更攀升到每磅170美元。该园有一小批日晒处理咖啡在2013年卖到每磅350.25美元，无疑成为全球最昂贵的庄园咖啡。

不同于其他超级高价的咖啡（如因新奇热潮炒作的猫屎咖啡，或部分牙买加蓝山咖啡），这座咖啡园获得高价的原因是咖啡的质量确实极好，当然需求量大以及优异的营销策略也扮演了重要的角色。这个打破众多纪录的咖啡品种口感相当特殊：有丰富的花香与柑橘香，但相当清爽，带着如茶般的醇厚度，这些都是此品种的独特个性。

从巴拿马及中美洲其他国家开始种植瑰夏的情况来看，不难了解此庄园带来的影响。对许多生产者来说，瑰夏品种似乎是高价位的保证；从瑰夏多半可以比其他品种卖到更高价格的状况来看，这点或许也没错。

## 产销履历

通常来自巴拿马的咖啡都有相当详尽的产销履历。咖啡通常可以追溯到单一庄园。除此之外，特定庄园出产的独特批次的咖啡豆也算常见，像是以特别的采收后处理法制造的咖啡，或某咖啡树衍生出的特别品种。

### 咖啡口感

品质较佳的咖啡会带有柑橘与花香，醇厚度清淡，口感细致而复杂。

人　口：4 058 000人

**2013 年产量（60 千克 / 袋）**：115 000 袋

巴拿马的产区以咖啡销售和营销方式区分，而非以地理位置或气候区分。过去咖啡种植广泛分布于境内时，以下这些区域多半会合而为一，因为这些产区面积都很小，且通常聚集在一起。

### 博克特（Boquete）

这是巴拿马最著名的咖啡产区，名称源自博克特城。多山的地理环境创造出不少独特的微气候。相对凉爽的气候与频繁的雾气帮助减缓咖啡果的成熟过程，不少人认为这与高海拔有异曲同工之妙。此区美丽的自然景观也推动了近年来的观光热潮。

海　拔：400~1 900米

采收期：12月~次年3月

品　种：帝比卡、卡杜拉、卡图艾、波旁、瑰夏、San Ramon

### Volcan-Candela

此区出产巴拿马大多数的食物与某些令人惊艳的咖啡。产区名称源自 Volcan Baru 火山以及 Piedra Candela 市。此区与哥斯达黎加为邻。

海　拔：1 200~1 600米

采收期：12月~次年3月

品　种：帝比卡、卡杜拉、卡图艾、波旁、瑰夏、San Ramon

### Renacimiento

另一个位于奇里基省的产区，与哥斯达黎加为邻。此区面积极小，因此不是巴拿马精品咖啡的主要产区。

海　拔：1 100~1 500米

采收期：12月~次年3月

品　种：帝比卡、卡杜拉、卡图艾、波旁、瑰夏、San Ramon

左图: 这座位于Volcan产区的种植园是区内出产令人惊艳的咖啡的庄园之一。

# 秘 鲁 Peru

咖啡在 1740~1760 年间来到秘鲁。当时秘鲁总督区（Viceroyalty of Peru）的管辖范围要大过如今的秘鲁国土。虽然境内气候相当适合大规模种植咖啡，但起初的 100 年里，所有咖啡都在当地被饮用。咖啡外销至德国与英格兰是 1887 年以后的事。

到20世纪，秘鲁政府因拖欠英国政府的贷款，最后只得以秘鲁中部 200 万公顷的土地偿还，其中四分之一变为种植园，农作物包括咖啡。从高海拔地区来到此地工作的移民有很多，有些人最终拥有了土地。其他一些人则在英国人离开秘鲁后买下土地。

不幸的是，对咖啡产业来说，胡安·贝拉斯科（Juan Velasco）的政府在20世纪70年代推行的法案却阻碍了产业发展。国际咖啡协议已对咖啡的销售与价格做出保障，政府便失去了发展基础设施的动机。政府撤销对产业的支持后，咖啡产业陷入混乱。之后咖啡的质量与秘鲁的市场地位更因"光辉道路"（The Shining Path）组织的成立进一步遭到破坏；游击队到处破坏农地，并将农民赶出他们的家园。

秘鲁咖啡产业遗留的缺口近年来开始由非政府机构填补，像是公平贸易组织；如今秘鲁咖啡多半拥有公平贸易认证。越来越多土地被用来种植咖啡：1980 年境内有 62 000 公顷，如今则为 95 000 公顷。现在秘鲁已成为全球最大的生产国之一。

秘鲁境内的基础设施仍不够完善，对生产高质量的咖啡来说，这仍旧是个挑战。咖啡园附近仅有少数处理厂，多数咖啡通常必须经过长时间运输才能进行采收后处理。有些咖啡因此被买来与其他咖啡混合，在运往海岸的途中再转卖出口。有趣的是，在现今全国 10 万小型生产者中，约四分之一加入了共同合作社；另外，公平贸易认证仅适用于产自共同合作社的咖啡。秘鲁也相当重视有机农

耕，不过这与杯测质量并无直接关系。事实上，秘鲁有机咖啡的价格通常相当低，因此会将付给农民的价格拉低，不论质量是否优异。

或许由于这个原因和帝比卡品种的普及，叶锈病开始成为让秘鲁的生产者相当头痛的问题。虽然2013年的产量不错，但叶锈病愈发严重，在不久的将来可能会使产量减低。

### 咖啡口感

秘鲁咖啡的口感多半相当纯净，但也有些温和而平淡。口感甜美，醇厚度相对较高，不过缺乏复杂度。如今有越来越多的咖啡口感独特而多汁。

## 产 区

人　口：31 152 000人

**2016年产量（60千克/袋）：**

3 800 000袋

有些咖啡种植在下列产区之外，但数量与声望都不及主要产区。有些人认为秘鲁在气温上升与气候变迁上拥有绝佳的应对之道，因为境内许多区域海拔高度较高，未来可能会相当适合种植咖啡。

### 卡哈马卡省（Cajamarca）

卡哈马卡省位于秘鲁北部，以区内首府命名，包括秘鲁境内的安第斯山。此区受益于赤道气候与土壤，适合种植咖啡。多数生产者皆为小农，不过相当有组织性，也都隶属于生产者组织，借此得到技术上的帮助以及培训、贷款、社区发展等方面的协助。其中一个组织CENFROCAFE与1900个家庭的成员共同推广咖啡烘焙，并在当地经营咖啡馆，帮助农民有更多元的发展。

海　拔：900~2 050米

采收期：3月~9月

品　种：波旁、帝比卡、卡杜拉、Pache、蒙多诺沃、卡图艾、卡帝莫

### 胡宁省（Junín）

此区生产20%~25%的秘鲁咖啡，咖啡在此与雨林交织生长。20世纪80年代至90年代此区曾遭受游击队攻击，对咖啡树的疏于管理导致植物疾病开始散布。咖啡产业在20世纪90年代晚期几乎从零开始重新发展。

海　拔：1 400~1 900米

采收期：3月~9月

品　种：波旁、帝比卡、卡杜拉、Pache、蒙多诺沃、卡图艾、卡帝莫

### 库斯科省（Cusco）

库斯科省位于境内南部，就某方面来说，咖啡是在此区盛行的农作物古柯叶的合法替代物。多数咖啡由小农种植，而非大型庄园。此区观光业盛行，许多人会由库斯科城前往马丘比丘（Machu Picchu）。

海　拔：1 200~1 900米

采收期：3月~9月

品　种：波旁、帝比卡、卡杜拉、Pache、蒙多诺沃、卡图艾、卡帝莫

### 圣马丁省（San Martin）

此区位于安第斯山之东，许多咖啡农的种植面积仅有5~10公顷。过去这里是古柯叶的主要产区，如今区内的共同合作社已开始推广咖啡之外的其他作物，例如可可与蜂蜜。近年来此区的贫困人口已大幅减少，从人口数的70%下降至31%。

海　拔：1 100~2 000米

采收期：3月~9月

品　种：波旁、帝比卡、卡杜拉、Pache、蒙多诺沃、卡图艾、卡帝莫

秘鲁有限的基础设施使区内实在难以产出高质量的咖啡。运送与处理采收后的咖啡果实常被延误，仅有少数处理厂位于种植区附近。

# 委内瑞拉 Venezuela

咖啡传入委内瑞拉一般归功于1730年一位名为何塞·古米拉（José Gumilla）的耶稣会修士。委内瑞拉以种植烟草与可可而闻名，人力来自奴隶制度。自1793年起，区内开始出现大型咖啡种植园。

自大约1800年起，咖啡开始在经济上扮演重要角色。1811年~1823年委内瑞拉独立战争期间，可可产量开始下降，咖啡则相对上升。境内首次咖啡热潮出现于1830年~1855年间，当时委内瑞拉生产约全球三分之一的咖啡。咖啡产量继续成长，到1919年达到高峰，外销总量达到137万袋。如今，咖啡与可可占全

国出口收入的75%。多数咖啡销往美国。

20世纪20年代，委内瑞拉的经济开始仰赖于石油，不过咖啡依旧是重要的收入来源。收益中相当大

**下图:** 委内瑞拉的咖啡生产在20世纪初相当强势，之后则逐渐减少，原因是政治阻力与农民极低的投资回报率。

的部分用于建设境内基础设施，直到20世纪30年代价格锐减，咖啡生产与处理所需的基础设施建设因此受到影响。在这段时间里，咖啡产业也开始私有化，农民在公有土地上种植咖啡的权利被剥夺。

从此以后，委内瑞拉经济开始完全仰赖石油产品与其他矿物的出口。咖啡生产与外销量依旧相当大，当时委内瑞拉的产量几乎可与哥伦比亚匹敌，但是在乌戈·查韦斯（Hugo Chávez）的统治下一切都改变了。2003年，政府执行咖啡生产的严格限制法案，意味着国内的咖啡消费必须开始仰赖进口，多数来自尼加拉瓜与巴西。委内瑞拉在1992年和1993年出口了479 000袋咖啡，到2009年和2010年仅有19 000袋。政府制定的销售价格大大低于生产成本，不可避免地伤害了咖啡产业。很少有人能预测查韦斯过世后情况是否会有所改变。

## 产销履历

由于委内瑞拉咖啡的出口量如此之小，要找到高质量的咖啡相当困难。虽然某些可以追溯到单一庄园，但多数以产区名称标示。不过因为境内纬度低且不重视杯测质量，笔者仅推荐尝试你信赖且喜爱的咖啡烘焙业者提供的委内瑞拉咖啡。

### 咖啡口感
质量较佳的咖啡多半相当甜美、酸度略低，口感与质地相对丰富。

# 产　区

人　口：31 775 000人

**2016 年产量（60 千克／袋）**：400 000 袋

来自委内瑞拉的咖啡目前在市面上少见。希望未来这样的情况会有转机，不过短期之内不太可能出现变化。

## 西部产区（Western Region）

此区生产境内的多数咖啡。通常出口的咖啡会以州名来标示，像是Táchira、Mérida或Zulia，而非产区名称。有些人会将此区的咖啡与邻国哥伦比亚做比较。

海　拔：1 000~1 200米

采收期：9月~次年3月

品　种：帝比卡、波旁、蒙多诺沃、卡杜拉

## 中西部产区（West Central Region）

此区涵盖波图格萨与拉腊两州，是境内几个顶尖咖啡产区的所在地；此外还包括法尔孔与亚拉奎两州。境内最优异的咖啡被认定来自此区，与哥伦比亚距离相当近。这些咖啡多半被称为Maracaibos，即以出口港命名。

海　拔：1 000~1 200米

采收期：9月~次年3月

品　种：帝比卡、波旁、蒙多诺沃、卡杜拉

## 中北部产区（North Central Region）

委内瑞拉有少量咖啡产自此区的阿拉瓜、卡拉沃沃、米兰达、科赫德斯、瓜里科等州和联邦属地。

海　拔：1 000~1 200米

采收期：9月~次年3月

品　种：帝比卡、波旁、蒙多诺沃、卡杜拉

## 东部产区（Eastern Region）

为苏克雷、莫纳加斯、安索阿特吉与波利瓦尔等州所在地。有时可以在此地找到一种被称为Caracas的咖啡。

海　拔：1 000~1 200米

采收期：9月~次年3月

品　种：帝比卡、波旁、蒙多诺沃、卡杜拉

# 专有名词

ARABICA 阿拉比卡　为Coffea Arabica的简称，亦是种植范围最广的咖啡树种。一般认为阿拉比卡比另一种常见的品种罗布斯塔品质更佳。

AROMATIC COMPOUND 芳香化合物　咖啡豆中的化合物，研磨或冲煮咖啡时会挥发出香气。

BLOOM 粉层膨胀　手冲咖啡时，一开始会在咖啡粉中注入少量的水，此时咖啡粉会因为浸润而膨胀，此过程称为粉层膨胀。

BREW RATIO 粉水比例　冲煮咖啡时，咖啡粉与水量的比例。

BREW TIME 冲煮时间　冲煮咖啡时，水与咖啡粉接触的时间总量。

BURR GRINDER 磨盘式磨豆机　拥有两个面对面的锋利切割盘的磨豆机，通常为金属制，能按照需要调整研磨颗粒的粗细。

C-PRICE C价格指数　即商业咖啡在证券交易所中的交易价格。一般认为C价格指数代表全球咖啡交易的最低基础价格。

CHERRY 咖啡果实　咖啡树上结出的果实常被称为cherry或berry。其中包含的两颗种子便是咖啡豆。

COFFEE BERRY BORER 咖啡果小蠹　严重影响咖啡收成的一种害虫。此蠹虫会将卵产于咖啡果实中，孵化的蠹虫会食用咖啡果实。

COMMODITY COFFEE 商业咖啡　不以质量为交易条件的咖啡，其产区履历难以追溯且不被重视。

COOPERATIVE 产销合作社　农户为共同利益而联合在一起工作的组织。

CREMA 克丽玛　意式浓缩咖啡上层的咖啡色泡沫，因液体在高压下萃取而形成。

CUP OF EXCELLENCE 卓越杯　在特定国家举办的赛事，目的是寻找当地优质咖啡并进行评估和分级，最后在国际在线拍卖会上售卖获奖的咖啡。

CUP QUALITY 杯测品质　一杯特定的咖啡中包含的风味与正面味道。

CUPPING 杯测　在咖啡产业中，品测咖啡的专业人士从冲煮、闻香至品尝的过程。

DARK ROAST 深焙　咖啡豆经过长时间烘焙，豆子呈很深的褐色，且表面油亮。

DEFECT 缺陷　咖啡豆中的缺陷，会让咖啡有令人不悦的味道。

DIALLING IN 调整研磨粗细　调整冲煮意式浓缩咖啡所用咖啡粉粗细的过程，直到咖啡有良好的味道，且可被适当地萃取。

DRY MILL 干处理厂　咖啡豆处理厂，会进行脱壳、挑选及生豆分级等出口前的处理。

DRY PROCESS 干燥式处理法　一种采收后处理方式，咖啡果实会在脱壳、取出咖啡豆之前经过干燥程序。

EXTRACTION 萃取　冲煮咖啡的过程，咖啡当中会有一定比例的物质溶解到水中。

FAIR TRADE MOVEMENT 公平交易运动　公平交易组织会发授认证，并保证合作的咖啡农的咖啡豆获得基础价格。

FAST ROAST 快速烘焙　商用咖啡的烘焙方式，烘焙时间非常短，通常不到5分钟，为制造速溶咖啡的过程之一。

FULLY WASHED 水洗处理法　一种采收后处理方式，咖啡豆会从果实中被挤出，接着在干燥前发酵与洗净。

GILINGBASAH 湿磨处理法　一种在印度尼西亚常见的采收后处理方式，在咖啡豆仍有高含水率时进行脱壳，接着干燥。此处理法会让咖啡风味中增添特殊的泥土气息。另见半水洗处理法。

GREEN COFFEE 咖啡生豆　咖啡专业领域中，以此名称代表咖啡生豆。此时的咖啡豆已进入国际交易阶段。

GRIND SIZE 研磨粗细　咖啡粉的颗粒大小。颗粒越小或细，越容易从中萃取风味。

HEIRLOOM VARIETIES 原生种　用来表示自然原生的咖啡品类。

HONEY PROCESS 蜜处理法　一种采收后处理方式，与去果皮日晒处理法相似，将咖啡豆自果实中挤压出来，但会保留一定比例的果肉，然后直接进入干燥程序。

IN REPOSO 静置　咖啡生豆在脱壳、分级与准备出口前静置的一段时间。一般认为这是让咖啡豆含水量稳定的重要过程。

INTERNATIONAL COFFEE AGREEMENT 国际咖啡协定　1962年首次签署，为防止国际市场咖啡供需振荡，确保咖啡价格稳定，各咖啡生产国同意采取的咖啡配额制度。

LATTE ART 拉花艺术　在将奶泡缓缓倒入意式浓缩咖啡时创作出的图案。

LEAF RUST 叶锈病　一种会使咖啡树叶形成橘色损伤的真菌，最终可能使整株咖啡树死亡。

LIGHT ROAST 浅焙　一种咖啡烘焙程度，为保有咖啡的酸度与水果风味。咖啡豆呈现浅棕色。

LOT 批次　一批定量且经过某种程度筛选的咖啡豆。

MICROFOAM 微气泡　牛奶经过适当的蒸汽加热所产生的微小泡沫。

MICRO-LOT 微批次　通常为10袋（每袋重量为60千克或69千克）或更少，由咖啡园或咖啡生产者特意挑出。

MIEL PROCESS 请见蜜处理法。

MONSOONING 季风处理法　在印度马拉巴港沿海地区，咖啡豆在采收后会经过3～6个月的季风洗礼，咖啡豆因此酸度较低。

MOUTHFEEL 口感　形容咖啡入口时感受到的质地，从清爽如茶到浓郁似鲜奶油。

NATURAL PROCESS 日晒处理法　一种采收后处理方式，咖啡果实经挑选后，小心地铺在阳光下曝晒，直到整颗果实被干燥。

OVEREXTRACTION 过度萃取　表示冲煮咖啡时，萃取出的溶解物质比理想的成分多。咖啡因此尝起来有苦味、涩味与令人不悦的风味。

PARCHMENT 内果皮　种子外具有保护作用的薄层，在咖啡出口前会将其脱除。

PARCHMENT COFFEE 带壳豆　在经过采收与后处理之后，咖啡还留有内果皮的状态。此外层具有在销售前防止咖啡质量下降的保护作用。

PEABERRY 小圆豆　咖啡果实中只有一颗种子的情形。

POTATO DEFECT 马铃薯味缺陷　非洲东部的咖啡常有的缺陷特征。当特定几颗咖啡豆有此缺陷时，杯中的咖啡尝起来会有马铃薯的味道。

PULPED NATURAL PROCESS 去果皮日晒处理法　一种采收后处理方式，咖啡果实以去果皮机剥除外果皮和大部分果肉层，直接送至露台或架高式日晒床进行干燥程序。

RATIO（BREW）　请见粉水比例。

ROBUSTA 罗布斯塔　精品咖啡产业采用的两个主要咖啡品种之一。一般认为罗布斯塔的质量比阿拉比卡低，但较易在低海拔地区生长，且对病虫害有较强的抵抗力。

RUST-RESISTANT VARIETIES 抗叶锈病咖啡品种　为阿拉比卡和罗布斯塔的变种，可抵抗一种称为叶锈病且可能使咖啡树死亡的真菌。

SCREEN SIZE 咖啡豆尺寸分级　以尺寸筛选咖啡豆，筛子拥有许多不同大小的小洞。为咖啡出口前经过的分级方式之一。

SEMI-WASHED PROCESS 半水洗处理法　请见去果皮日晒处理法。

SILVERSKIN 银皮　一层紧附于咖啡豆上的薄膜。在烘焙过程中会掉落，又称为"chaff"。

SLOW ROAST 慢炒　一种缓慢、柔和的烘焙过程，通常希望借此烘出高质量的咖啡。依照不同的烘焙机种，烘焙时间介于10～20分钟。

SMALLHOLDER 咖啡小农　拥有小片地块种植咖啡的咖啡生产者。

SPECIALITY MARKET 精品咖啡市场　以咖啡质量与风味为交易基础的咖啡市场。此名词也包括产业内所有相关人士，如生产者、出口商、进口商、烘焙业者、咖啡店主与消费者。

STRENGTH OF COFFEE 咖啡浓郁度　形容一杯咖啡中溶解了多少咖啡成分：通常一杯滤泡式咖啡的1.3%～1.5%为咖啡成分，剩下的都是水；一杯意式浓缩咖啡中则有8%～12%的咖啡成分。

STRIP PICKING 速剥采收法　一种采收方式，一次将整个枝条上的所有果实以熟练的手法快速剥除，但也比较不精确，成熟果与未熟果会混杂在一起，因此仍然需要进行筛选。

TAMPING 填压　用来形容冲煮意式浓缩咖啡之前压紧咖啡粉的动作，使咖啡粉均匀、平整。此动作可以帮助咖啡均匀地萃取。

TERROIR 风土条件　综合所有地理与气候等方面影响咖啡风味的因素。

TRACEABILITY 产区可追溯性　咖啡产业链的透明程度以及保存方式，消费者可借此知道特定批次的咖啡由何者生产。

TYPICA 帝比卡　阿拉比卡咖啡中最早用在咖啡产业的品种。

UNDEREXTRACION 萃取不足　表示冲煮咖啡时，没有萃取出所有希望呈现出来的成分。咖啡因此尝起来尖酸并带有涩味。

WASHED PROCESS 水洗处理法　一种采收后处理方式，咖啡果实会经过挤压，将大部分果实与咖啡豆分离。这些咖啡豆会经过发酵，将牢牢黏附在咖啡豆上的果胶去除，接着在洗净后被仔细且缓慢地干燥。

WASHING STATION 湿处理厂　咖啡果实会被运送至湿处理厂，并在此进行种种处理，直到完成干燥程序，带壳豆的采收后处理方式很多元。

WET PROCESS　请见水洗处理法。

WET-HULLED PROCESS　请见半水洗处理法。

WET MILL　请见湿处理厂。

# 索 引

# 图片提供

本书中插图系原文插图

**Alamy Stock Photo** Chronicle 129; F. Jack Jackson 192; Gillian Lloyd 154; hemis/Franck Guiziou 94-95; Image Source 62-63; imageBROKER/Michael Runkel 174; Jan Butchofsky 176-177; Jon Bower Philippines 178; Joshua Roper 212; Len Collection 236; mediacolor's 244-245; Phil Borges/Danita Delimont 220; Philip Scalia 228-229; Stefano Paterna 226-227; Vespasian 23; WorldFoto 138.

**Blacksmith Coffee Roastery**/www.BlacksmithCoffee.com 24l.

**Corbis** 2/Philippe Colombi/Ocean 253; Arne Hodalic 102; Bettmann 8; David Evans/National Geographic Society 201, 202; Frederic Soltan/Sygma 104; Gideon Mendel 32b; Ian Cumming/Design Pics 246; Jack Kurtz/ZUMA Press 250-251; Jane Sweeney/JAI 18; Janet Jarman 252; Juan Carlos Ulate/Reuters 210, 213, 214-215; KHAM/Reuters 188-189; Kicka Witte/Design Pics 241; Michael Hanson/National Geographic Society 134-135; Mohamed Al-Sayaghi/Reuters 191; Monty Rakusen/cultura 46; NOOR KHAMIS/Reuters 142; Pablo Corral V 262; Reuters/Henry Romero 32a; Rick D'Elia 147; Stringer/Mexico/Reuters 248; Swim Ink 2, LLC 116; Yuriko Nakao/Reuters 239.

**Dreamstime.com** Luriya Chinwan 163; Phanuphong Thepnin 184; Sasi Ponchaisang 182.

**Enrico Maltoni** 97, 98.

**Getty Images** Alex Dellow 48-49; B. Anthony Stewart/National Geographic 110; Bloomberg via Getty Images 26, 166-167; Brian Doben 256-257; Bruce Block 152; Dimas Ardian/Bloomberg via Getty Images 170-171; Frederic Coubet 136; Gamma-Keystone via Getty Images 42; Glow Images, Inc. 29a; Harrriet Bailey/EyeEm 51; Ian Sanderson 6; Imagno 50; In Pictures Ltd./Corbis via Getty Images 157; Jane Sweeney 20; John Coletti 29b; Jon Spaull 218-219; Jonathan Torgovnik 156; Juan Carlos/Bloomberg via Getty Images 223, 224-225; Kelley Miller 16b; Kurt Hutton 106-107;

Livia Corona 205; Luis Acosta/AFP 206-207; Mac99 260-261; MCT via Getty Images 38; Melissa Tse 173; Michael Boyny 197; Michael Mahovlich 30, 230, 233; Mint Images 68; Mint Images RF 66; National Geographic/Sam Abell 169; Philippe Bourseiller 140-141; Philippe Lissac/GODONG 133; Piti A Sahakorn/LightRocket via Getty Images 183; Polly Thomas 247; Prashanth Vishwanathan/Bloomberg via Getty Images 154; Ryan Lane 55; SambaPhoto/Ricardo de Vicq 16a; SSPL via Getty Images 13; Stephen Shaver/Bloomberg via Getty Images 187; STR/AFP 217; TED ALJIBE/AFP 181; WIN-Initiative 242.

**Gilberto Baraona** 25r.

**James Hoffmann** 36.

**Lineair Fotoarchief** Ron Giling 125.

**Mary Evans Picture Library** INTERFOTO/Bildarchiv Hansmann 58.

**Nature Picture Library** Gary John Norman 158-159c.

**Panos** Sven Torfinn 148-149; Thierry Bresillon/Godong 126-127; Tim Dirven 128, 130.

**REX Shutterstock** Florian Kopp/imageBROKER 237; Imaginechina 162.

**Robert Harding Picture Library** Arjen Van De Merwe/Still Pictures 144-145.

**Shutterstock** Alfredo Maiquez 255; Anawat Sudchanham 221; Athirati 28; ntdanai 17; Stasis Photo 16c; trappy76 14.

**SuperStock** imagebroker.net 151.

**Sweet Maria's** 234-235.

**Thinkstock** iStock/OllieChanter 72-73; iStock/Paul Marshman 158l.

# 致 谢

研究者：Ben Szobody, Michael Losada

研究助理、翻译与推动者：Alethea Rudd

感谢Ric Rhinehart与Peter Giuliano慷慨奉献大量的时间与智慧，也万分感谢Square Mile Coffee Roasters团队中的每一位，感谢他们从过去到现在未曾改变支持与鼓励的态度。

本书献给我的母亲与Keith一路以来为我的付出。

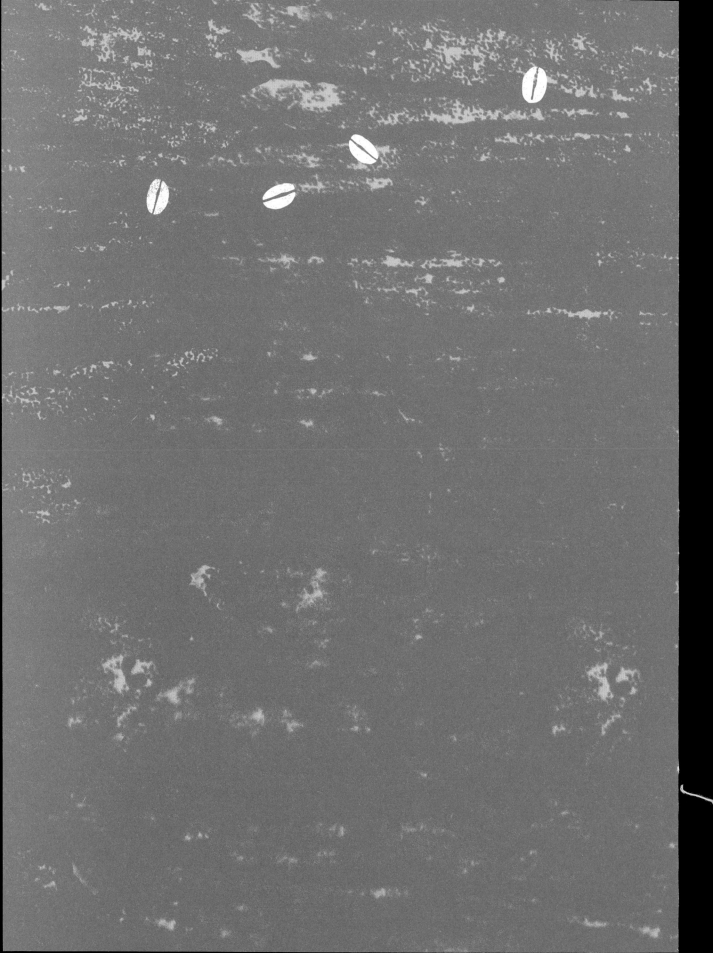